만물박사
테리 덴튼의
놀랍고 신기하고 빵 터지는
지구의
모든 지식

만물박사 테리 덴톤의
놀랍고 신기하고 빵 터지는
지구의 모든 지식

테리 덴톤 지음 · 천미나 옮김

별숲

만물박사 테리 덴톤의 놀랍고 신기하고 빵 터지는
지구의 모든 지식

초판 1쇄 발행 2022년 4월 22일 | 초판 2쇄 발행 2022년 7월 22일
지은이 테리 덴톤 | **옮긴이** 천미나
펴낸이 방일권 | **교정** 한지연 | **디자인** 손은영
펴낸곳 별숲 | **출판신고** 2010년 6월 17일 | **주소** 경기도 파주시 광인사길 68, 403호
전화 031-945-7980 | **팩스** 02-6209-7980 | **전자우편** everlys@naver.com

ISBN 979-11-91204-99-5   73400

- 이 책 내용의 전부 또는 일부를 사용하려면 반드시 저작권자와 별숲 양측의 서면 동의를 받아야 합니다.
- 책값은 뒤표지에 표시되어 있습니다.
- 잘못된 책은 바꾸어 드립니다.
- 별숲 블로그 blog.naver.com/everlys 별숲 인스타그램 @byeolsoop_insta

Terry Denton's Really Truly Amazing Guide to Everything
Text and Illustrations Copyright © Terry Denton, 2014 and 2020
First published in part by Penguin Random House Australia in 2014
This edition first published in part by Penguin Random House Australia Pty Ltd.
Korean translation copyright © Byeolsoop 2022
This Korean edition is published by arrangement with Penguin Random House Australia Pty Ltd.
through The ChoiceMaker Korea Co.
All rights reserved.

이 책의 한국어판 저작권은 초이스메이커코리아를 통해 저작권자와의 독점 계약으로 별숲에 있습니다.
저작권법에 의해 한국 내에서 보호를 받는 저작물이므로 무단전재와 무단복제를 금합니다.

이 책을 바칩니다!

크리스틴에게.

더불어 추가 연구를 도맡아 해 준
마이클에게 감사를 전합니다.

디자인을 맡아 준 토니에게도요.

이 책에는 무엇이 나올까요?

(깜짝 놀랄 준비는 됐나요?)

테리 덴톤 박사가 전하는 매우 진지하고도 더할 나위 없이 중요한 편지		9
1장	우리는 우주입니다	13
2장	우리가 사는 행성, 지구	41
3장	우리 이전의 생명	77
3½장	우리 주변의 생명	109
4장	우리 안의 우주	155
5장	우리가 만든 세계	187
6장	쏜살같이 흐르는 시간	229
7장	집중! 시험 볼 시간입니다	265

테리 덴톤 박사가 전하는 매우 진지하고도 더할 나위 없이 중요한 편지

안녕하세요, 독자 여러분.

우리는 대부분 **많은 것들을 눈곱만큼씩만** 알아요.
아니면 **몇 가지 안 되는 것들을 많이** 알거나요.
그런데 나는 **거의** 모든 것들에 대해 **상당히 많이** 알고 있답니다!

내가 장담하건대, 여러분은 내가 박사라는 사실조차 몰랐을걸요?

뭐, 나도 그건 몰랐습니다만.

그런데 나는 확실히 박사가 맞습니다!
나의 새와 나의 말과
나의 거대 거미가 그렇다고 하네요.

사실, 모두들 나를
거의 모든 것을 아는 만물박사라고 알고 있지요.

솔직히 말하면, 나도 전혀 모르는 분야가 **몇** 가지는 있답니다.

메이크업과 패션, 자동차 수리, 비행기 조종,
심장 절개 수술과 비절개 수술, 고릴라 훈련 같은 것들이지요.

그렇지만 그 밖에 **다른** 분야들은 다 찾아보았습니다.

여러분도 나처럼 **매우** 흥미롭게 생각하리라 믿어요.

이 책에서 여러분이 배우게 될 내용은 아래와 같습니다.

우주는 매우, 매우, 매우, 매우, 매우, 매우 커요.
거대한 둥근 물체 수십억 개가 그보다 훨씬 큰, 수십억 개의 물체들 주위를
원 모양을 그리며 움직여요.

지구 역시 매우 크고, 그 속은 시뻘건 쇳물로 가득해요.
그래도 지구는 타 버리지 않는답니다.

지구에 사는 생명체란 새나 말 같은 별난 동물들은 물론이고
벌레와 아주 작은 박테리아까지 포함해요.
대부분은 여러분을 잡아먹으려고 하는 생물들이지요.

인체와 각 부위의 작동 원리뿐만 아니라 작동하지 못하는 원리와
인체 부위 중 폭망한 경우까지 나와요.

온갖 **멋진 물건들**, 그러니까 인간이 똑똑한 두뇌와
섬세한 손으로 발명하고 만들어 낸 물건들의 이야기도요.

시간에 대한 이야기도 한 장에 걸쳐 나온답니다.
아주 복잡하고, 나로선 하나도 이해하지 못하는 내용이라는 게 함정이지만요.
내 설명을 듣고 나면 아마 여러분도 나랑 마찬가지일 거예요.

그러니 매우 진지하고도 더할 나위 없이 중요한 편지는 이쯤에서 끝내고,

**만물박사
테리 덴톤의
놀랍고 신기하고 빵 터지는
지구의
모든 지식**을 읽기 시작합시다.

다 읽고 나면 여러분도 (거의) 만물박사가 될 거예요.

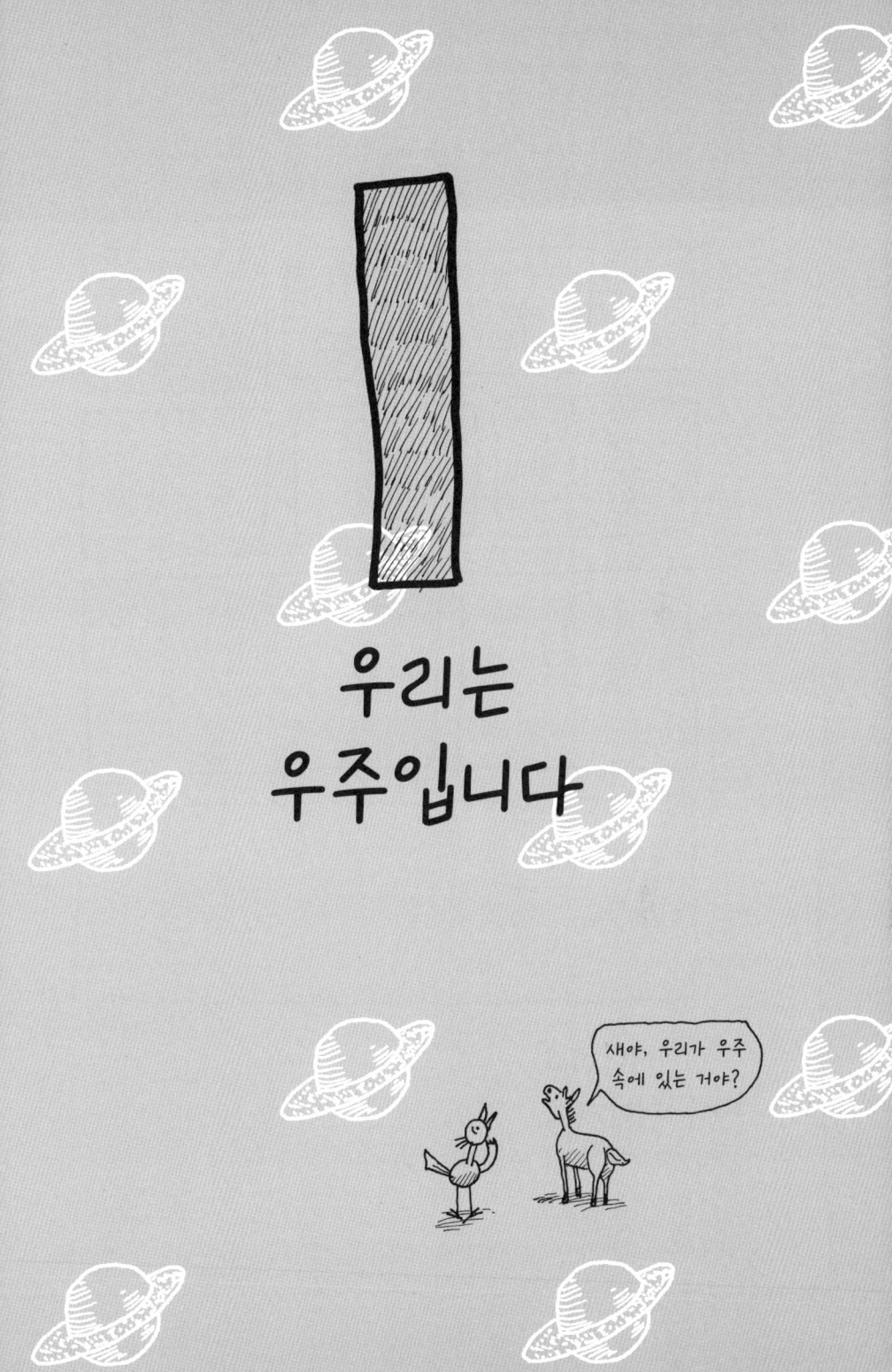

우주는 우리를 둘러싼 모든 것이자,
우리 너머의 모든 것이며,

우리가 바로 우주예요.

우주는 **커다래요.**
아주 커다래요.
만약 우리가 우주의 '중심'에 서 있다면
우주의 '끝'은 놀랍게도
434,000,000,000,000,000,000,000km나 떨어진 거리에 있을 거예요.

정말 어마어마하죠!
그래서 우리는 우주를 이렇게 말해요.

광활하다!

초속 1000km(아주 빠른 거예요!)로 움직이는
우주 자동차가 있다고 해도,
우주의 머나먼 '끝'에 닿기까지는
20,000,000,000,000(20조)년이 걸리니까요.

우주 자동차

그건 아주 긴 시간이에요.
우주가 존재했던 시간보다도 훨씬 긴 시간이지요.
그리고…
알쏭달쏭하겠지만, 우주에 과연 '끝'이라는 게 있는지조차 알 수 없어요.
많은 과학자들은 우주가 끊임없이 스스로를 휘감으며
점점 더 커지고 있다고 생각해요.
우주는 끝없이 팽창하는 중인지도 몰라요.

세계에서 가장 똑똑하다는 사람들조차 확실히 알지 못하는 사실이지요.

우주는 무엇으로 이루어져 있을까요?
우주는 대부분이 텅 빈 공간, **무**(無)의 세계예요.

우리가 속한 작은 태양계에서는
행성과 행성 사이의 거리조차도 엄청나게 멀어요.
1977년, 보이저 2호가 태양계의 모든 행성을 통과하는 여정을 시작했어요.
태양에서 가장 먼 행성인 해왕성에 도달하기까지 12년이 걸렸어요.
보이저 2호는 초속 5만 6000km의 속도로 움직이고 있어요.
매우 빠른 속도죠!

이러한 우리의 태양계조차 대부분이
무(無)의 공간이에요.

무(無) 때문에 머리 아파 죽겠네.

은하수라고 부르는 우리은하를 이루고 있는
별은 400,000,000,000(4000억)개가 넘어요.

과학자들에 따르면 전체 우주에는 별이
1,000,000,000,000,000,000,000,000개가 넘게 있다고 해요.

상상조차 불가능한 수예요.
혹시 바닷가에 가 보면 알 수 있을까요…?
우주에는 지구의 바닷가 모래알 수만큼이나 많은 별들이 있다고 하니까요.

> ### 만물 지식 상자
>
> 별은 중력의 힘으로 서로 달라붙어 있는 거대한 기체 덩어리이다. 그 힘이 점점 커지며 기체를 더욱더 단단히 끌어당긴다. 결국엔 원자들이 붕괴되면서 **핵융합**이라고 하는 과정이 시작된다. 융합이란 두 원자가 결합하면서 에너지가 생성되는 것을 말한다. 대부분의 별은 수소 원자들을 융합시켜 헬륨이라는 새로운 원자를 만들어 내는데, 이때 에너지가 생성된다. 이 에너지가 열과 빛으로 방출되면서 빛을 내는 별이 탄생한다.

간단히 정리하면 아래와 같아요.

나 → 작다.

별 → 많다.

우주 → **크다!**

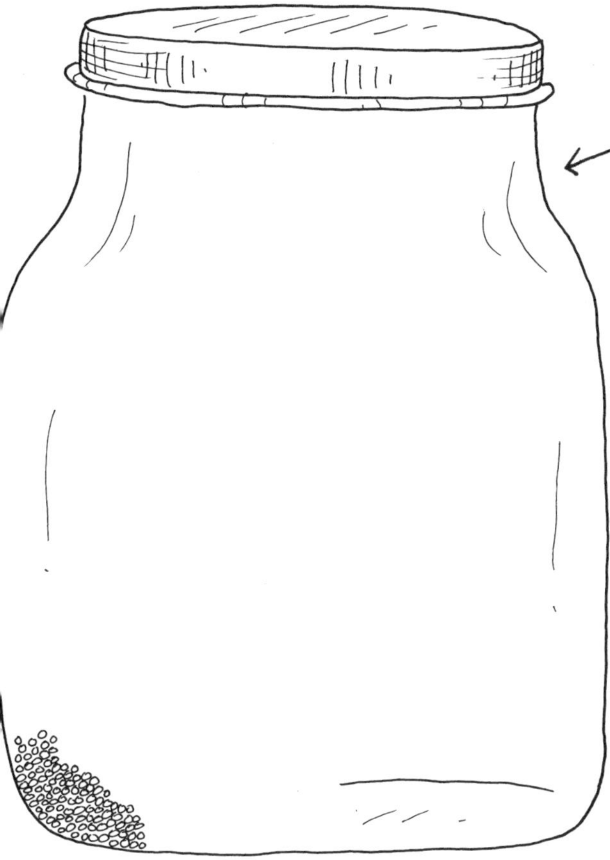

이 유리병 안에는 모래알 100개가 그려져 있어요.

아주 작은 모래알 그림으로 이 병을 채우면서 그 수를 계속 센다고 생각해 보세요. 이 병에 모래알이 얼마나 많이 들어가는지 알면 깜짝 놀랄걸요.

1, 2, 3, 4, 5, 6…

모래알을 세기가 힘들어. 손가락, 발가락을 다 쓰고 싶은데, 난 둘 다 없잖아!

우리은하에는 무수히 많은 별들이 있지만,
태양계에 있는 별은 딱 하나예요. 바로…

태양이지요!

지금까지 천문학자들이 알아낸 태양계는 500개 이상이고,
해마다 새로운 태양계를 찾아내고 있어요.
만약 1,000,000,000,000,000,000,000개가 넘는 별이 존재한다면,
1,000,000,000,000,000,000,000개가 넘는 태양계가 존재할 수도 있어요.
생명체는 생존을 위해 태양의 열과 빛이 필요하니까요.

그러니 **지구**와 같은 어떤 행성이 저 별들 중 하나의 주위를 돌고 있을지 몰라요.
생존을 위해 중요한 또 하나의 요소는 **액체 상태의 물**이에요. 지구가 수성이나
금성처럼 지금보다 태양과 더 가깝다면 물이 펄펄 끓어오를 거예요.
반대로 조금 더 멀리 떨어져 있다면 화성처럼 거대한 얼음덩어리가 될 테고요.

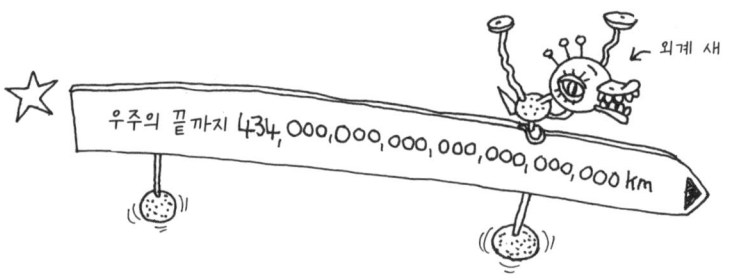

과학자들은 다른 세계에서 오는 빛을 연구함으로써 대기를 구성하는
기체들과 성분들을 알아내요. 물이나 산소가 있다면 좋은 소식이겠지요.
하지만 외계 생명체는 우리가 생각하는 모습과는 다를지도 몰라요….

반짝반짝 작은 별!
오늘 밤, 하늘의 별들을 올려다보세요.
별은 반짝반짝 빛나지만, 지구에서 볼 때만 그래요.
우주에서는 그저 빛이 나오는 동그란 점처럼
보일 뿐이지요.
　　지구에서 볼 때만 반짝이는 까닭은 별빛이 지구를 에워싼
　　공기와 가스층을 통과하면서 구부러지고 흔들리기 때문이에요.

머지않아 우리는 알게 될 거예요.
별에 대해 궁금한
(거의) **모든 것을요!**

과거에는 별에 대해 아는 거라곤
밤에 시간을 말할 때 도움이 된다는 게 전부였어요.
지구상에서 우리의 위치를 파악하는 데에도
도움이 되었지요.
밤하늘의 지도처럼요.

우리는 수천 년 동안 지구가 평평하다고 생각했어요.
500년 전만 해도 지구가 태양의 둘레를 돈다는 사실을
몰랐으니까요. 그 사실을 알고 난 뒤에도
우리는 태양을 우주의 중심이라고 생각했지요.

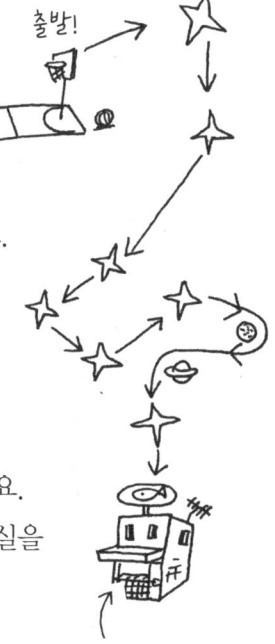

나만의 우주 중심으로 가는
별 지도

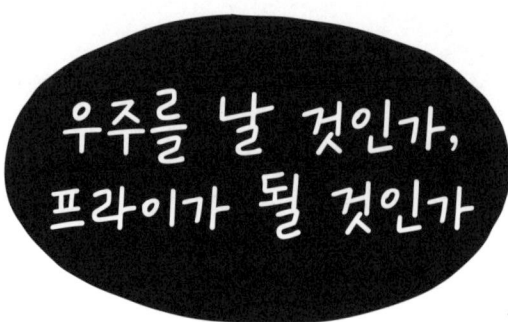

우주를 날 것인가, 프라이가 될 것인가

태양은 **성운**이라고 불리는 회전하는 기체와 먼지로 이루어진 **거대한** 가스 구름에서 탄생했어요. 성운이 붕괴되고 점점 더 빠르게 회전하면서 원반 모양으로 납작해졌고, 그것이 현재 우리가 보는 태양계의 모습이에요.

그 중심에 태양이 형성되고, 태양 주위로 다른 조각들이 모여 여러 행성을 이루었어요. 별에는 **중력**이라고 불리는 강력한 힘이 있어서 모든 것을 끌어당겨요. 그런데 지구가 태양으로 끌려가서 달걀프라이가 되지 않는 이유는 무엇일까요?

그건 지구 또한 많은 에너지를 가지고 **앞으로** 이동하고 있고, 그 전진하는 에너지가 지구를 태양으로 끌어당기는 중력의 힘과 균형을 이루기 때문이에요.

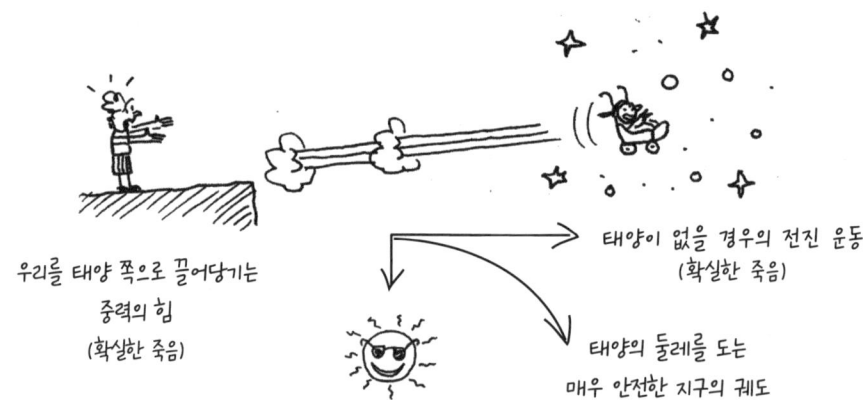

만약 태양이 사라지면, 지구와 다른 모든 행성들은 일직선으로 질주할 거예요. 차갑고 어두운 우주 속 **무의 세계**로 들어가겠지요.

태양의 둘레를 도는 우리의 여정에는
많은 **혜성**들과 **소행성**들도
함께하고 있어요.

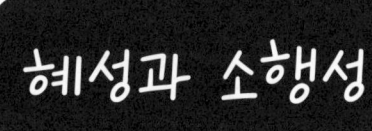

혜성은 얼음과 먼지와 암석으로
이루어져 있어요. 가끔 **꼬리**가
보이기도 하는데, 혜성의 꼬리를
이루는 건 가스와 먼지예요.

핼리 혜성은 75년이나 76년에
한 번씩 지구를 지나가요.
역사학자들이 그러한 기록을
남겨 왔고, 수천 년 동안
예술 작품에도 등장했지요.

소행성은 우주를 돌아다니는 암석 덩어리들이에요.
화성과 목성 사이의 **궤도**에서 태양의 둘레를
공전 중인 소행성은 수십억 개나 돼요.

아주 작은 소행성들도 있지만, 더 크고
둥근 소행성들은 등급이 올라가요.
그러한 소행성들을 **왜행성**이라고 해요.

만물 지식 상자

물체가 우주에서 날아와 지구의 대기와 충돌하면 그 종류가 무엇이든 모두 **유성**이라고 부른다. 대부분의 유성은 공중에서 다 타 버려서 지구와 충돌하지 않는다. 밤하늘을 가르는 빛줄기를 우리는 별똥별이라고 부른다. 우주에서 온 것 중에 실제로 지구 표면과 충돌하는 것은 모두 **운석**이라고 한다. 공룡의 멸종은 어느 거대한 운석 때문에 벌어진 사건일 가능성도 있다.

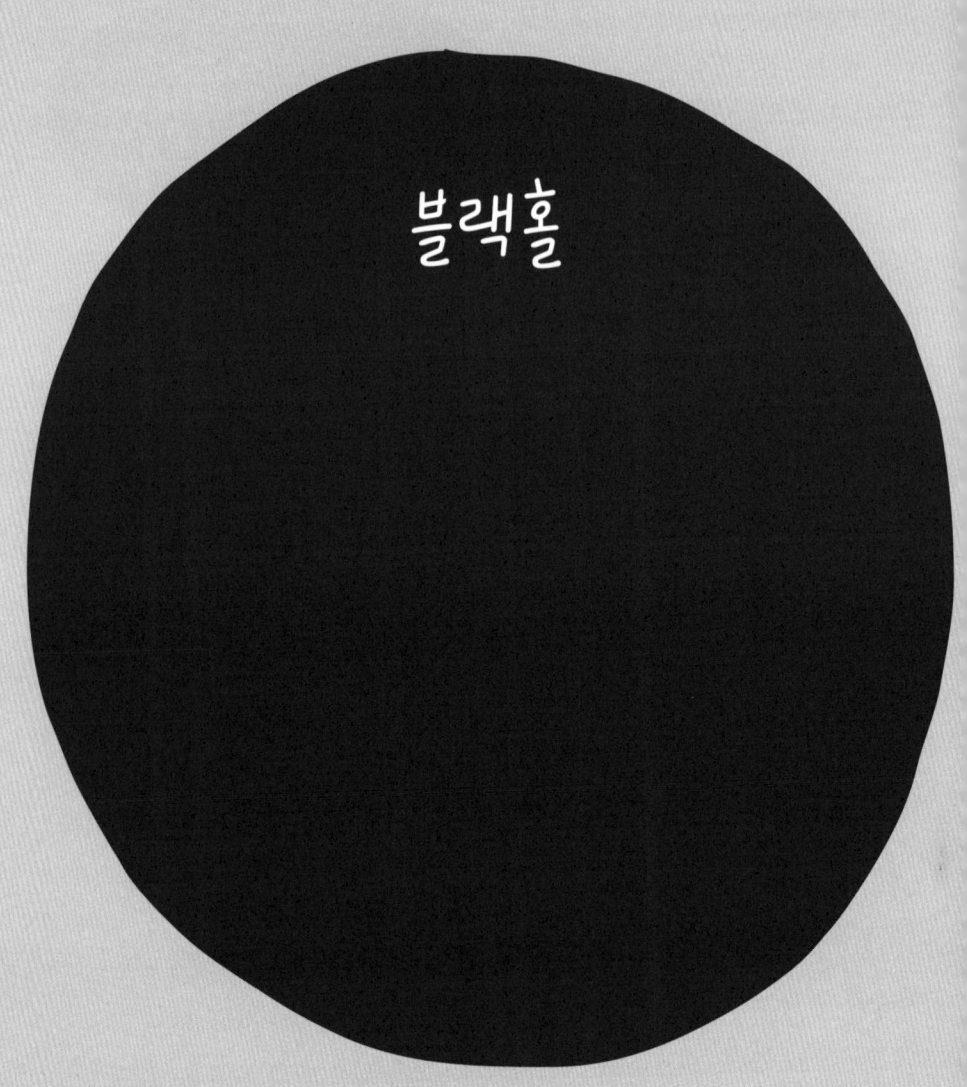

…은 이상하고도 신비해요.

알베르트 아인슈타인이라는 뛰어난 과학자가
1916년에 처음으로 블랙홀의 존재를 예측했어요.
하지만 천문학자들은 1971년까지 블랙홀을 하나도 찾아내지 못했지요.

블랙홀은 붕괴된 별의 중심부에서 생겨나요.
아주 거대할 수도 있고, 아주 작을 수도 있지요.
블랙홀의 중력은 빛도 빨아들일 만큼 매우 강력하답니다.

따라서 우리는 블랙홀을 볼 수는 없어요.
과학자들은 물체 주변에서 일어나는 일을 통해
그 존재를 알아차리지요.
가끔은 블랙홀이 **응축 원반**에 둘러싸이기도 해요.
응축 원반이란 블랙홀을 향해 빨려들어 가는,
밝게 빛나는 나선형 구조의 가스와 먼지를
일컫는 말이에요.

아인슈타인과 블랙홀

위성과 행성

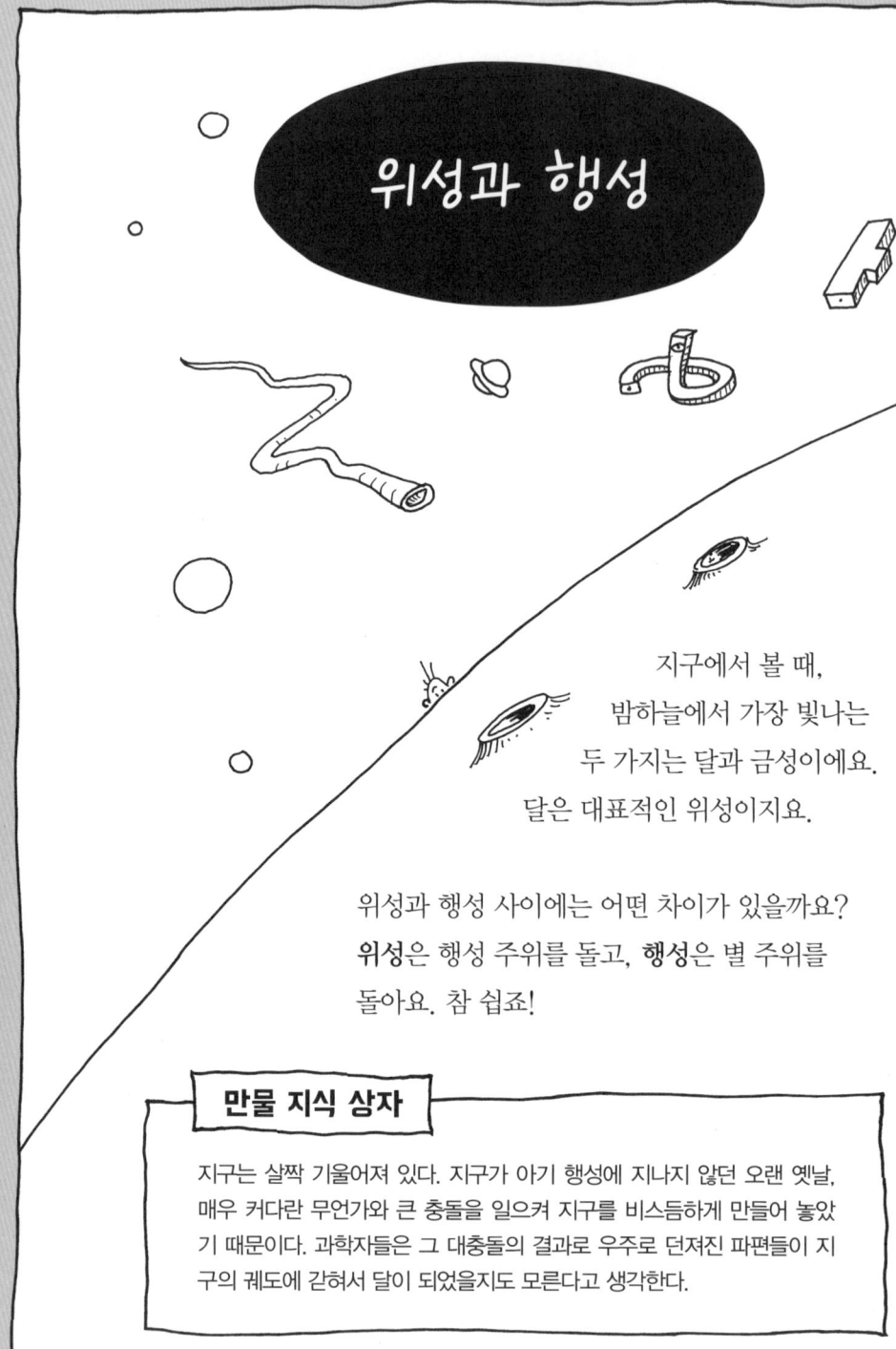

지구에서 볼 때, 밤하늘에서 가장 빛나는 두 가지는 달과 금성이에요. 달은 대표적인 위성이지요.

위성과 행성 사이에는 어떤 차이가 있을까요? **위성**은 행성 주위를 돌고, **행성**은 별 주위를 돌아요. 참 쉽죠!

만물 지식 상자

지구는 살짝 기울어져 있다. 지구가 아기 행성에 지나지 않던 오랜 옛날, 매우 커다란 무언가와 큰 충돌을 일으켜 지구를 비스듬하게 만들어 놓았기 때문이다. 과학자들은 그 대충돌의 결과로 우주로 던져진 파편들이 지구의 궤도에 갇혀서 달이 되었을지도 모른다고 생각한다.

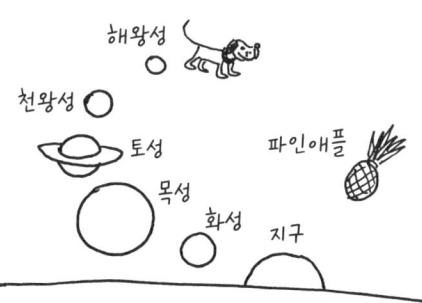

위성이라고 해서 다 죽은 암석은 아니에요.
과학자들은 목성의 위성 중에 하나인 유로파의 얼음 표면 아래로
거대한 소금물 바다가 존재한다는 증거를 찾아냈어요.
유로파에는 산소로 이루어진 옅은 대기층도 있어요. 여러 가지 면에서
유로파는 공전하는 행성인 목성보다는 지구와 더 비슷한 점이 많은
위성이에요. 하지만 우주를 부유하는 것은 **무엇이든** 행성의 궤도에 걸리면
위성이 돼요. 위성들도 자신들의 궤도를 도는 것들을 가질 수 있어요.

태양의 궤도에는 여덟 개의 큰 행성이 있어요.
행성들 말고 다른 것들도 있고요. 소행성과 혜성을 비롯해
케레스, 명왕성, 마케마케, 에리스와 같은 왜행성들도 포함해서요.

거기에 어마어마한 우주 먼지들까지.
와, 그야말로 대단하지 않나요!

달은 인간이 걸어 본 유일한 위성이에요.
달에는 바람도, 비도 없어서 지금도 먼지 위에 찍힌 우주 비행사들의 발자국이 그대로 남아 있어요.

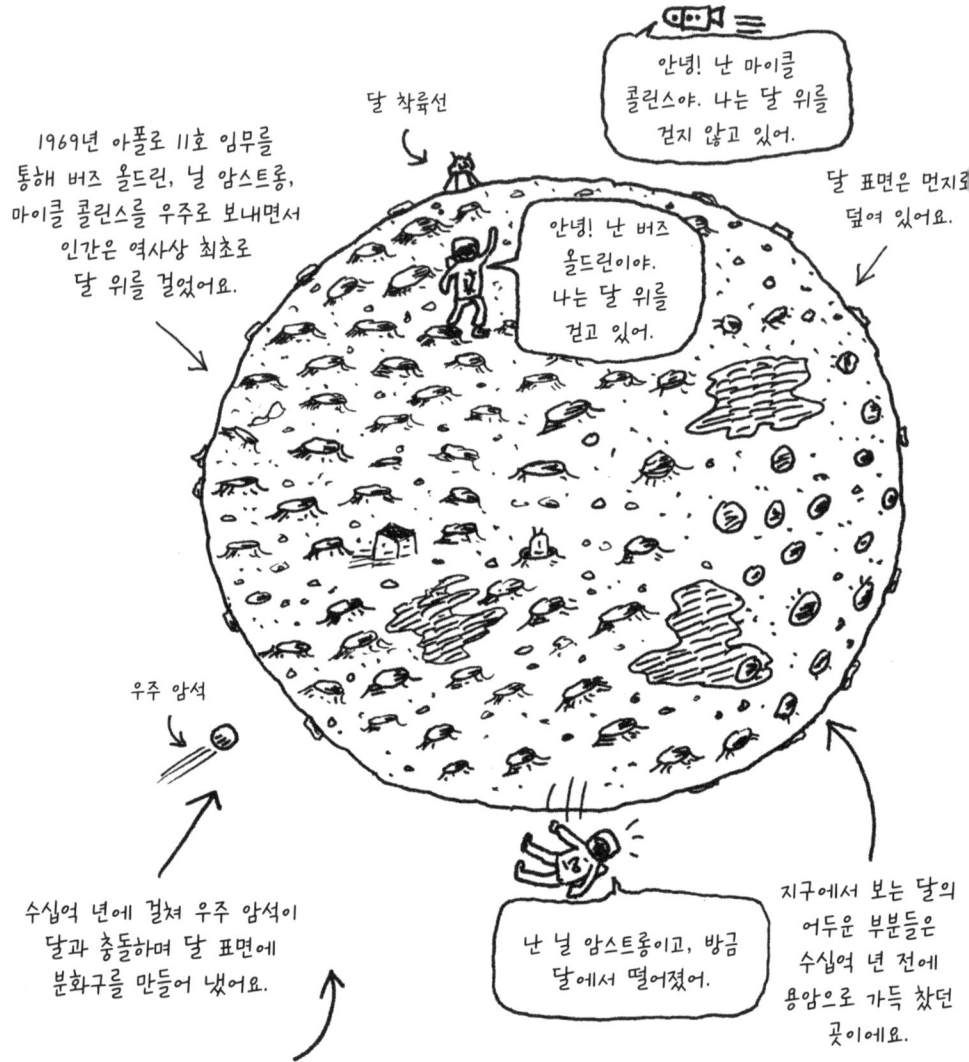

1969년 아폴로 11호 임무를 통해 버즈 올드린, 닐 암스트롱, 마이클 콜린스를 우주로 보내면서 인간은 역사상 최초로 달 위를 걸었어요.

달 착륙선

안녕! 난 마이클 콜린스야. 나는 달 위를 걷지 않고 있어.

안녕! 난 버즈 올드린이야. 나는 달 위를 걷고 있어.

달 표면은 먼지로 덮여 있어요.

우주 암석

수십억 년에 걸쳐 우주 암석이 달과 충돌하며 달 표면에 분화구를 만들어 냈어요.

난 닐 암스트롱이고, 방금 달에서 떨어졌어.

지구에서 보는 달의 어두운 부분들은 수십억 년 전에 용암으로 가득 찼던 곳이에요.

달에는 대기가 있지만 희박하며, 우리가 호흡하는 종류의 기체를 함유하고 있지 않아요. 달에도 중력이 있지만 약해요(지구 중력의 약 16.6%). 그래서 물체를 떨어뜨리면 지구에서보다 훨씬 느리게 떨어져요. 우리 몸도 지구에서보다 무게가 6분의 1 정도밖에 나가지 않을 거예요.

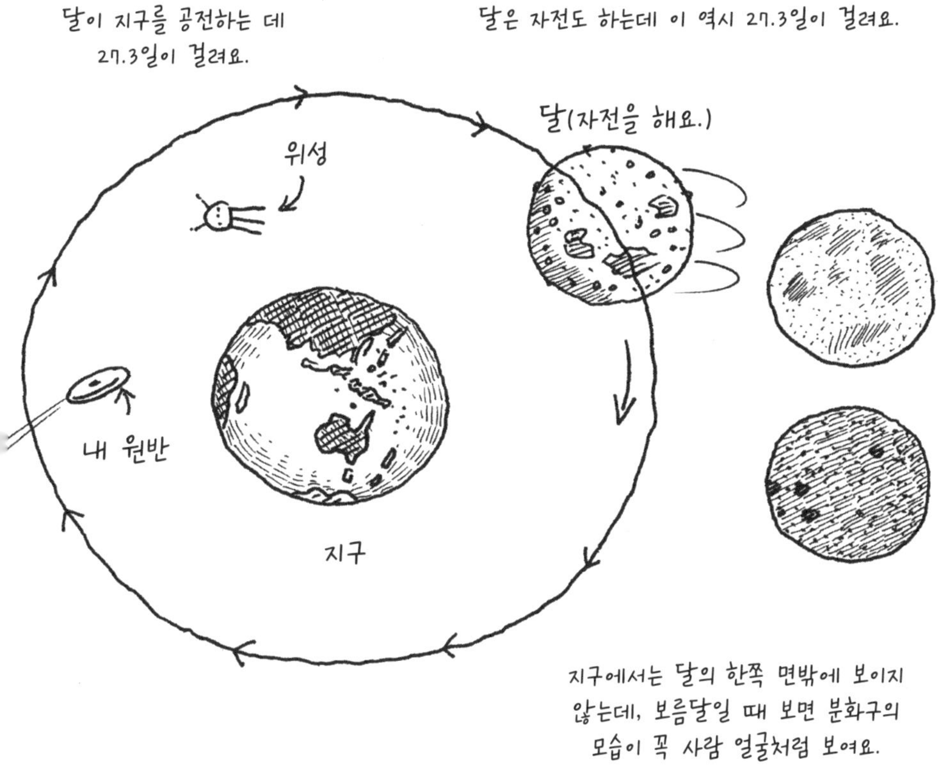

달이 지구를 공전하는 데 27.3일이 걸려요.

달은 자전도 하는데 이 역시 27.3일이 걸려요.

위성

달(자전을 해요.)

내 원반

지구

지구에서는 달의 한쪽 면밖에 보이지 않는데, 보름달일 때 보면 분화구의 모습이 꼭 사람 얼굴처럼 보여요.

달의 모양이 변하는 이유는 달이 지구 주위를 돌면서 지구와 태양과의 상대적인 위치가 달라져, 지구상의 우리가 서 있는 곳에서 보이는 달의 밝은 부분이 달라지기 때문이에요. 신월에서 그믐달까지 전체 주기를 통과하는 데는 약 29.5일이 걸려요. 달이 지구를 한 바퀴 도는 시간보다 조금 더 길지요.

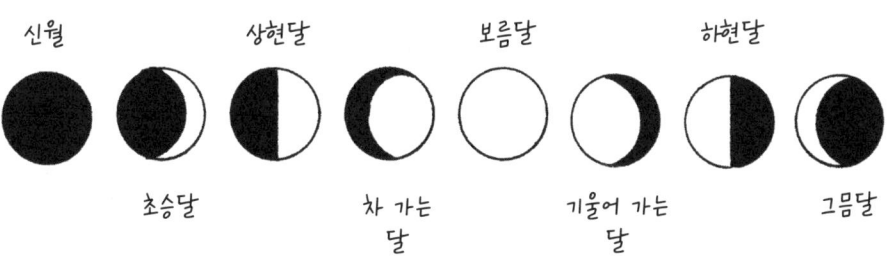

신월　　상현달　　보름달　　하현달

초승달　　차 가는 달　　기울어 가는 달　　그믐달

27

우리의 태양계

우리는 지구 위에 가만히 서 있는 것 같지만 달과 마찬가지로 우리도 항상 움직이고 있어요. 지구는 돌고 있고, 한 번 도는 데 걸리는 시간을 하루라고 해요.

새롭게 발견된 컵케이크 행성. 냠냠!

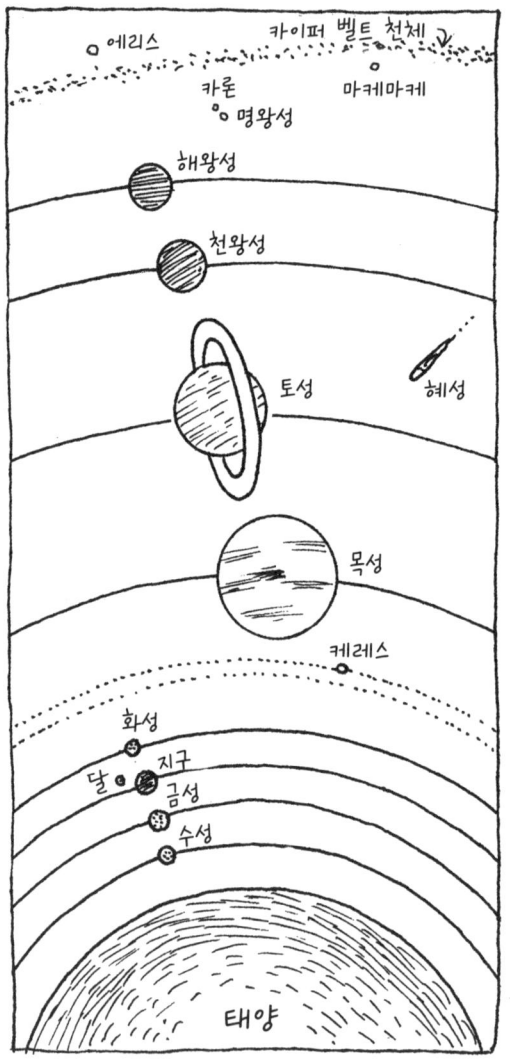

가스가 많은 행성은 태양에서 더 멀리 떨어져 있고, 암석이 많은 행성은 더 가까이 있어요.

나는 이 컵케이크 행성의 대장이다!

태양은 **황색 왜성**이에요. 가스가 많은 태양의 표면은 **광구**라고 불러요.

태양 대기의 가장 바깥층은 **코로나**라고 해요. 코로나는 달이 우리와 태양 사이에 위치하는 **일식** 때에만 볼 수 있어요.

우리의 행성 지구는 자전과 동시에, 천천히 태양의 주위를 움직이는 공전을 하고 있어요. 행성들이 자신이 속한 별을 공전하는 데 걸리는 시간이 다 같은 것은 아니에요. 어떤 행성은 두 개의 별을 공전하기도 해요. 현재 지구는 태양 주위를 도는 데 365.25일이 걸려요. 우리는 그 여정을 1년이라고 부르지요.

해왕성

태양과의 거리는 45억 km. 천왕성과 비슷한 크기. 가스와 얼음으로 이루어져 있으며, 얼음과 먼지 입자로 이루어진 가느다란 고리들이 있다. 14개의 위성. 생존 불가.

천왕성

태양과의 거리는 29억 km. 지구보다 4배 크다. 가장 추운 행성. 가스와 얼음으로 이루어져 있다. 27개의 위성. 대기가 얼음으로 뒤덮여서 청록색을 띤다. 인간이 살기는 힘들다.

 ← 고리

토성

태양과의 거리는 14억 km. 목성처럼 크고 가스가 많다. 얼음덩어리와 먼지 입자들로 이루어진 '고리'가 있으며, 32개의 위성이 있다. 찾아갈 생각도 말길.

 — 대적점

목성

태양과의 거리는 7억 8000만 km. 가장 큰 행성. 79개의 위성이 있으며, 먼지 입자로 이루어진 거대한 '고리'와 350년간 지속된, 우주에서 관찰 가능한 폭풍이 존재한다. 전부 뜨거운 가스뿐이고, 재미라곤 하나도 없다.

화성

태양과의 거리는 2억 3000만 km. 지구의 절반 크기. 두 번째로 작은 행성. 위성이 2개 있다. 표면은 주황색과 붉은색. 하지만 차갑다. 여기에서는 살지 말길.

지구

태양과의 거리는 1억 5000만 km. 살기 좋은 행성.

금성

태양과의 거리는 1억 1000만 km. 크기는 지구와 비슷하나 매우 뜨겁다. 위성이 없고, 황산 구름으로 덮여 있다. 아얏!

수성

태양과의 거리는 5800만 km. 위성은 없으며, 가장 작은 행성. 매우 뜨겁고 태양과 가장 가깝지만, 가장 뜨거운 행성은 아님!

만물 지식 상자

우주는 절대적으로 고요하다. 소리는 무언가가 진동할 때만 생겨나기 때문이다. 지구에서는 공기 분자가 우리의 귀로 진동을 전달한다. 빛과 전파는 어마어마하게 무의 세계인 우주를 이동할 수 있지만, 소리는 그렇지 못하다. 우주 비행사들이 의사소통을 위해 무선 장치를 쓰는 이유도 바로 그 때문이다.

먼지와 가스 구름에서 태양이 탄생한 것이 약 45억 년 전 일이에요.
아주아주 옛날처럼 느껴지죠. 그건 사실이에요!

그렇지만 더, 더 오래전인 140억 년 전으로 거슬러 올라가면…

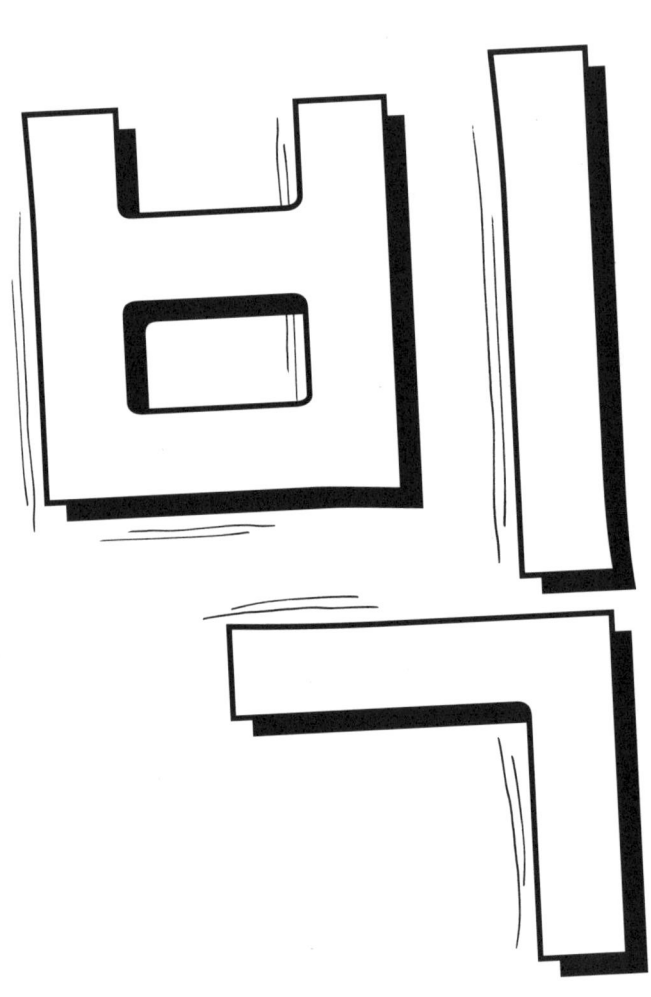

우주의 모든 것은 이것과 함께 시작되었답니다.
그것은 바로…

빅뱅은 아주 큰(BIG) 폭발이죠(BANG)!!

빅뱅과 원자의 탄생

원자는 존재하는 모든 것을 구성해요.

모든 것을요!

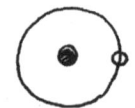

수소 원자(매우 단순)

원자가 결합하면 **분자**가 되고, 분자는 결합해서 **모든 것이 되지요.**

원자는 이렇게 생겼어요. 한가운데에 무거운 부분인 **핵**과 바깥쪽에 날아다니는 아주 작은 **전자**들이 있어요.

전자

핵

그런데 원자는 대부분이 **무(無)**로 이루어져 있어요. 우리는 원자로 이루어져 있으니 우리 역시 대부분이 **무(無)**인 셈이지요. 그리고 모든 행성과 위성과 별은 원자로 이루어져 있으니 그들 역시 대부분이 **무(無)입니다!**

믿기 힘들지만, 사실이랍니다.

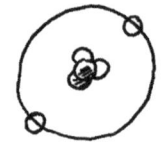

헬륨 원자

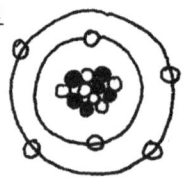

탄소 원자

한가운데에 있는 어두운 부분들은 양성자예요. 밝은 부분들은 중성자예요.

만물 지식 상자

원자는 우주의 구성 요소이다. 원자는 믿을 수 없으리만치 작지만, **아원자 입자**(핵 속의 **양성자**와 **중성자**, 더하기 전자)라고 불리는 훨씬 더 작은 것들로 이루어져 있다. 아원자 입자들조차도 **하드론**과 **쿼크**라고 불리는 더 작은 것들로 이루어져 있다. 그것들은 너무 작아서 그릴 수가 없다. 그것들은 그보다 더 작은 것들로 이루어져 있을까? 아직은 알 수 없다.

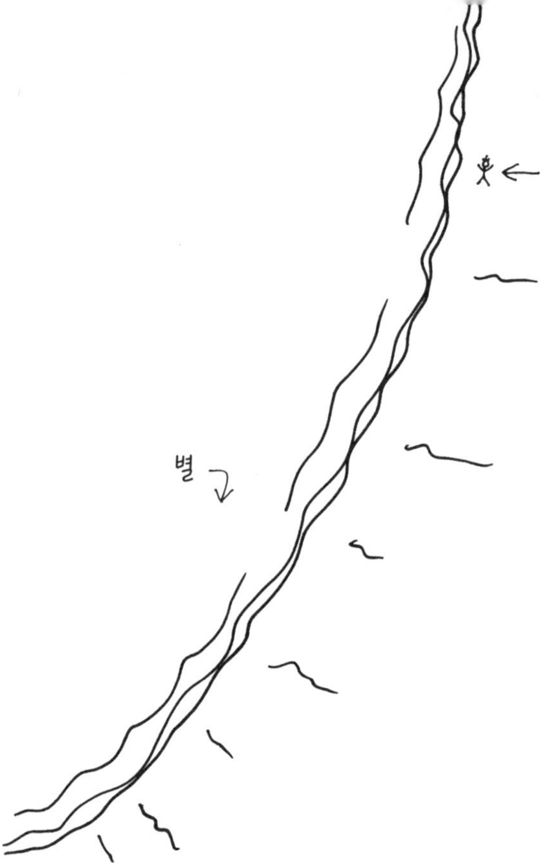

여러분은 아주 작아요.
별과 비교하면요.

별

그런데 개미와 견주면
아주 크지요.

← 여러분

개미

물론, 그 개미가
대왕 개미일 때만 빼고요.

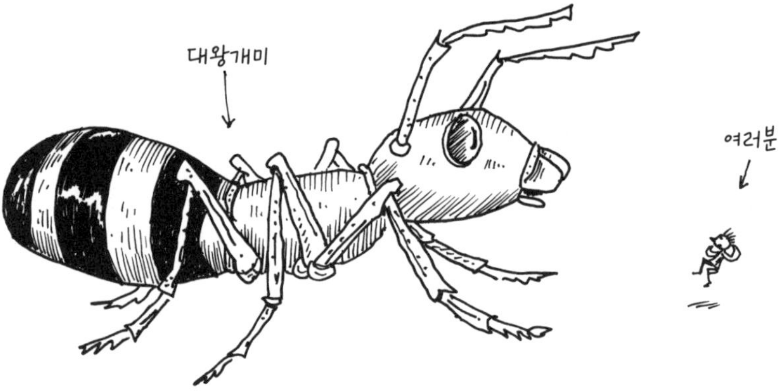

대왕개미

여러분

실제 크기 ↙

완보동물   ↑ 실제 크기 아님.

하지만 아무리 작고 작은 개미라 해도 완보동물 같은 미소 동물*에 비하면 **거인이지요.**
이들은 다 자라도 길이가 0.5mm에 지나지 않거든요.

과학자들은 지금도
더 작고
더 작은
생물들을 찾아내고 있어요.

1mm의 5000분의 1에 불과한 **박테리아**를 발견하기도 했지요.

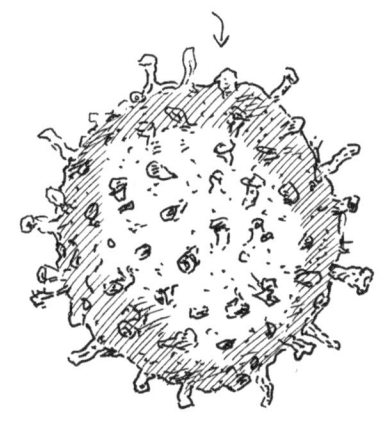

바이러스는 아주 미세해서 현미경 없이는 볼 수 없어요.

독감이나 홍역, 코로나바이러스 같은 **바이러스**들은 그보다 훨씬 더 작아요.

과학자들은 바이러스를 완전한 생물로 여기지 않아요. **숙주** 없이는 **아무것도** 할 수 없으니까요. 때로는 바로 우리가 숙주가 되기도 해요! 바이러스는 숙주를 통해 성장하고 증식하며 퍼져 나가요.

* 미소 동물: 맨눈으로는 구별할 수 없을 정도로 작은 동물.

만물 지식 상자

우리는 우주에서의 거리를 **광년**으로 측정한다. 1광년은 약 9조 4600억 km이다. 1광년은 빛이 진공 상태에서 1년 동안 나아가는 거리를 말한다. 기호는 ly.

별을 따러 가다

사람들은 오랫동안 밤하늘의 별을 올려다보았지만…
이제 막 우주로 가는 작은 첫걸음을 떼었을 뿐이에요.

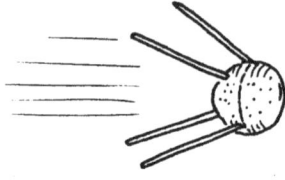

스푸트니크 1호
(1957년)

1957년, 러시아의 전신인 소련에서 사상 최초로 지구 궤도에 인공위성을 쏘아 올렸어요.
그 인공위성이 스푸트니크 1호예요.

이후 같은 해, 스푸트니크 2호가 우주 궤도에 최초로 동물을 보냈어요. 고양이는 아니었어요.
라이카라는 이름의 개였지요.
안타깝게도 라이카는 지구로 돌아오지 못했어요.

아휴, 또 건조식품이야!

스푸트니크 2호
(1957년)

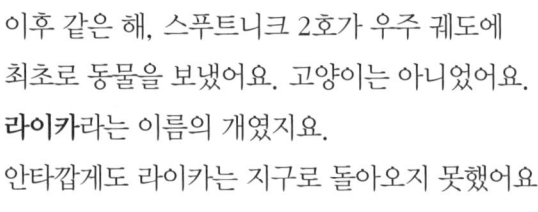

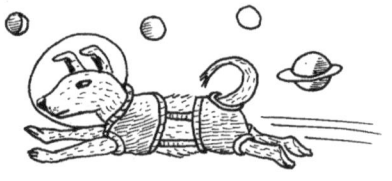

우리는 우주견 라이카를 어떻게 기억해야 할까요?
(실제로는 듣기 좋은 이야기는 아니에요.)

유리 가가린 (1961년)

우주를 여행한 최초의 인간은 유리 가가린이에요.
1961년, 유리 가가린은 지구를 한 바퀴 돈 뒤…
무사히 돌아왔어요.

1965년, 알렉세이 레오노프는 최초로
우주 유영에 성공했어요. 우주복이 없었다면
알렉세이는 우주의 복사선과 극한 기온을
이겨 낼 수 없었을 거예요.

알렉세이 레오노프
(1965년)

우주 비행은 **매우 위험해요.**
달에는 우주에서 사망한 사람들을 추모하는
'추락한 우주 비행사'라는 조각품이 설치되어 있어요.

하지만 걱정 마세요. 알렉세이는 돌아왔으니까요.

1969년, 달 탐사를 떠난 최초의
인간들이 달 위를 걸었어요.

그들 역시 무사히 돌아왔어요!

달 위를 걸은 최초의 인간들
(1969년)

특히 1940년대와 1950년대에 많은 동물이 우주로 보내졌어요.
그중에 많은 수는 살아남지 못했지요.

우주로 간 최초의 포유동물은 앨버트
2세라는 원숭이였어요. 유리 가가린이
우주로 가기 12년 전의 일이었답니다.

(앨버트의 명복을 빕니다.)

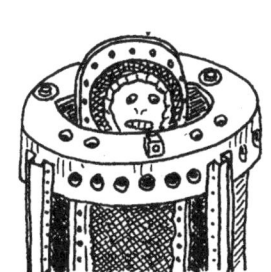

무시무시한 우주 장비 속에
태워진 앨버트 2세

우주가

얼마나 큰지를

생각해 보면
우리는 너무도 작게만 느껴져요.

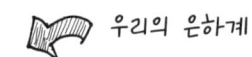 우리의 은하계

그런데 바로 지금도 우리가 지구 대기권 밖 우주에서 살 수 있다는 사실을
알고 있나요?
우주 비행사들은 20여 년간 **국제 우주 정거장**에 거주하면서
일을 하고 있어요.

우주 정거장은 하루에 15.5번 지구 둘레를 돌아요

쌍둥이 우주선인 보이저 1호와 보이저 2호는
1977년에 지구에서 발사되어 지금도 우주를
여행하고 있어요. 이미 태양계의 끝자락을
지나는 데 성공했지요. 지금은 **태양권**의 경계를
넘어 성간 우주에 도달해 있어요.
태양권은 태양 주변부를 일컫는 말이에요.

보이저호는 이것과
비슷하게 생겼어요.

우리 태양계에서 가장 가까운 태양계는 **켄타우루스자리**의
알파성이에요. 이곳에는 별이 세 개 있어요.
하지만 우리가 금방 방문할 일은 없을 거예요.
41조 km 넘게 떨어져 있으니까요.

즐거운 우리 집

보이저 1호와 보이저 2호에는 사람이 타고
있지 않지만, 감지 장치를 통해 지금도
정보를 전송해 주고 있어요.
최근에 보이저 1호는 처음으로 외부에서 본
우리의 태양권 모습을 찍는 데 성공했어요.

그건 정말 **대단한 사건이랍니다!**

2

우리가 사는 행성, 지구

태양에서 세 번째 행성이 바로 우리가 사는
즐거운 우리 집, 지구예요!
**태양계에서 우리가 생존할 수 있는 유일한 곳이자,
어쩌면 우주에서 유일한 곳일지도 몰라요.**

오스트레일리아

남극 대륙

아시아

아프리카

유럽

북아메리카

남아메리카

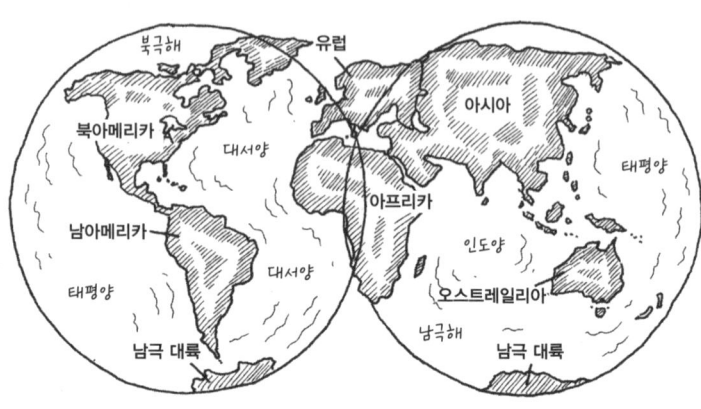

우리는 대륙과 섬에서 살아요.
대륙은 오스트레일리아처럼 물로 에워싸인 커다란 섬이거나,
아메리카 대륙처럼 좁은 지협으로 연결되어 다른 대륙과
결합되기도 하고, 또는 유럽과 아시아처럼 완전히 다른 대륙과
결합되어 생겨나기도 해요.

판게아

세계 지도가 처음부터 위와 같은
모습은 아니었어요. 지금으로부터
약 3억 3500만 년 전에서
약 1억 7500만 년 전까지, 지구는
판게아라고 불리는 하나의 커다란
대륙이었어요.

많은 대륙이 합쳐졌다가 다시
갈라진 게 이번이 처음은 아니에요.
마지막도 아닐 테고요.

생물은 태양의 에너지를 사용하고 지구의 공기를 마시면서 지구의 물속에서 진화했어요. 우리가 아는 모든 생물은 대부분 탄소, 수소, 질소, 산소 원자로 이루어져 있어요. 생물은 참 대단하지요. 그런데 살아 있지 않은 것들도 마찬가지로 흥미롭고 복잡해요.

지구는 무엇으로 이루어져 있을까요?

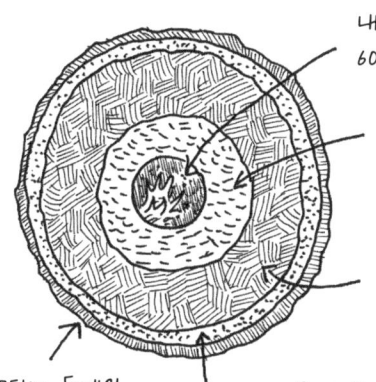

내핵: 철과 니켈로 이루어진 단단한 덩어리. 6000°C에 육박. 어마어마하게 뜨거움!

외핵: 용해된 철과 니켈로 이루어진 매우 뜨거운 층. 지표에서 약 3000km 아래쪽. 큰 구멍을 파고 마시멜로라도 구워 볼까?

하부 맨틀: 뜨겁고, 때로는 액체 상태인 암석층. 이곳에 가려면 좀 많이 파야 함.

상부 맨틀: 하부 맨틀보다는 차가운 순 암석층. 하부 맨틀과 상부 맨틀을 합치면 약 3000km 두께.

지각: 5~75km 두께의 얇은 층. 우리가 걷고, 살고, 놀고, 건물을 짓는 땅.

지구가 무엇으로 만들어지면 좋을까요?

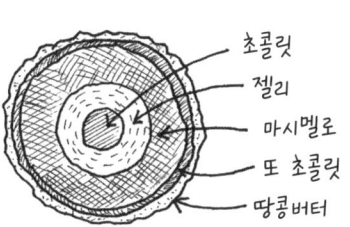

- 초콜릿
- 젤리
- 마시멜로
- 또 초콜릿
- 땅콩버터

지구의 핵까지 씹어 먹으면 안 돼. 그럼 폭발한단 말이야!

우적! 우적!

만물 지식 상자

지구의 무게는 얼마나 될까? 무게는 우리를 이루는 물질의 양(질량)에 지구의 중력을 곱한 것이다. 우리의 질량은 항상 그대로지만 달에서 재면 무게가 덜 나갈 것이다. 달은 중력이 약하기 때문이다. 거대한 저울 위에 지구를 탁 올려놓을 수는 없다. 만약 그럴 수 있다면, 지구의 무게는 5,900,000,000,000,000,000,000,000kg 정도 될 것이다.

자연적일까, 자연재해일까?

지각은 거대한 조각 그림판이에요. 그 조각들을 **지질 구조판**이라고 불러요. 대륙이 갈라지고 움직일 수 있는 것도 지질 구조판 때문이지요. 판과 판 사이의 갈라진 틈은 **단층선**이라고 해요. 가장 유명한 단층선은 환태평양 화산대예요. 지구 활화산의 75% 이상이 환태평양 화산대 위에 있어요. 활화산의 수만 452개랍니다.

1883년, 인도네시아의 크라카타우 화산이 폭발하며 섬 대부분이 파괴되었어요. 폭발음이 오스트레일리아에서도 들릴 정도였지요. 역사상 가장 치명적인 화산 폭발 사건 중 하나였어요.

판이 움직이면 단층선에서 **지진**이 발생하며 **화산**이 폭발해요. 땅이 흔들리고 갈라질 수 있지요. 만약 해저에서 지진이 일어나면 거대한 파도가 만들어져요. 거대한 파도가 해안가를 강타하면 많은 것이 파괴되고 홍수가 일어나요. 그게 **쓰나미**예요!

지진은 온 도시를 파괴하고, 도로를 망가뜨리며, 사고를 일으킬 수 있어요. 지진은 지각의 틈새를 뚫고 들어가려는 마그마와 같은 펄펄 끓는 암석 때문에 일어나기도 하고, 지질 구조판의 운동으로 일어나기도 해요.

변화하는 행성에 산다는 것은 위험한 일이에요.
그러나 우리가 자연재해라고 생각하는 몇몇 큰 사건들은
지금의 세계를 만들어 낸 주인공이기도 해요. 화산과 지진은 무섭지만,
그로 인해 지구의 아름다운 산과 언덕과 계곡 들이 만들어졌지요.

때로는 거대한 마그마 덩어리가 지표를 밀어 올려 산이 되기도 하지만, 폭발하지는 않아요.

마그마 덩어리가 **반구형 산을 만들어 내요.**

마그마

하와이의 섬들은 펄펄 끓는 암석이 폭발해 쌓이면서 생성된 거대한 해저 산맥의 봉우리들이에요. 그 암석들은 지금도 폭발하고 있어요.

용암은 천천히 흐를 때도 있고, 많은 가스와 재를 동반하며 위쪽으로 폭발하기도 해요.

지구의 맨틀에 있는 액체 상태의 암석을 **마그마**라고 해요. 마그마가 지표면으로 올라오면 **용암**이라고 불러요.

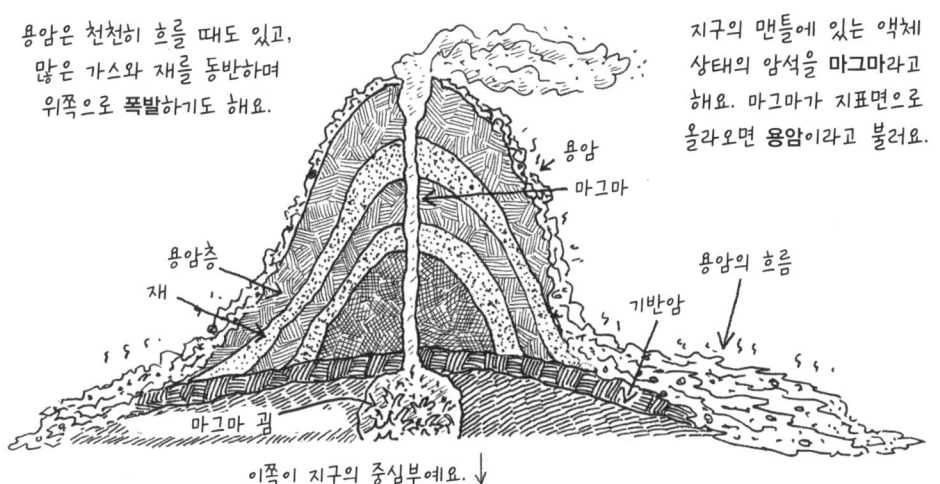

용암 / 마그마 / 용암층 / 재 / 기반암 / 용암의 흐름 / 마그마 굄

이쪽이 지구의 중심부예요. ↓

만물 지식 상자

지진은 모든 자연재해 가운데 **가장 치명적이다.** 최근에 일어난 최악의 지진 중 하나는 2004년 인도양 지진과 쓰나미였다. 14개 나라에서 최대 28만 명이 사망했고, 인도네시아에서는 쓰나미로 인한 파도의 높이가 30m에 달했다. 이는 8층짜리 건물에 해당하는 높이이다.

돌고 돌아 돌이네!

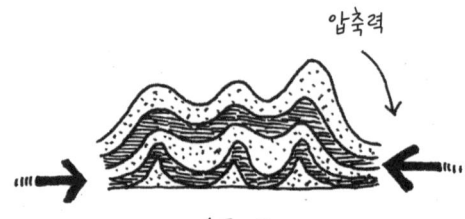

지구에서 가장 큰 산들은 대부분 지질 구조판끼리 충돌하면서 지각을 위로 밀어 올리는 과정에서 형성돼요.

그 한 예가 인도가 아시아와 서서히 충돌하면서 탄생한 히말라야산맥이에요(수백만 년이 걸렸지요). 그런 경우 에베레스트산처럼 **습곡 산지**가 생겨요.

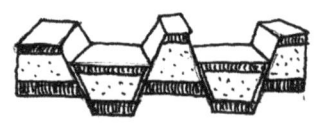

단층선이 갈라지면서 암석의 큰 기둥들을 밀어 올리고 떨어뜨리는 과정에서 산지가 형성되기도 해요. 그런 경우에는 **단층 지괴 산지**가 생겨요.

산은 **거대하지만**, 아무리 큰 산의 암석도 **침식**을 당하면 잘게 부서져서 아주 작은 모래 알갱이가 될 수 있어요.

만물 지식 상자

산지는 거대한 빙하로 인해 주위 지반이 마모되거나, 강물에 의해 지면이 마모되어 골짜기를 형성하는 과정에서 생겨날 때도 있다. 물은 매우 강력하다. 물, 바람, 얼음 또는 산사태에 의해 암석이 작은 조각으로 깨지고 깎이는 것을 **침식**이라고 한다.

암석과 모래는 모두 **광물**이라고 불리는 분자들로 이루어져 있어요. 모래가 압력을 받아 서로 압축이 되면, 다시 **사암**이라는 암석으로 탈바꿈하기도 해요.

모래에 대한 재미있는 사실

우적! 우적! 우적!

새야! 이 파랑비늘돔 좀 나한테서 떼어 내 줘!

모든 모래가 암석의 침식으로 생겨나는 건 아니에요. 흰 모래알들은 파랑비늘돔의 똥으로 만들어지거든요! 파랑비늘돔은 바위와 산호에 붙은 조류를 먹는데, 소화하지 못한 것들이 똥으로 나와요.

모래는 하얀색, 검은색, 초록색, 분홍색 등 어떤 색이든 될 수 있어요. 검은 모래는 화산암(마그마가 식어서 굳어진 암석)의 파편들이지요.

모래가 항상 해변 근처에서 만들어지는 것은 아니에요. 강은 모래를 바다로 실어 나르고, 바다는 그 모래를 더 많이 침식시켜요. 물은 **석회암**이라고 불리는 암석을 용해해서 동굴을 탄생시키기도 하고, 얼음 속에 굴을 뚫어 얼음 굴을 만들어 낼 수도 있어요.

거대한 동굴들 안에서는 구름이 형성되기도 해요. 그래서 외부 세계와는 다른 지하 세계만의 날씨가 생겨나기도 하지요.

동굴에 대한 신기한 사실

거대한 싱크홀로 빛이 들어오면 땅 밑도 숲이 생겨날 수 있어요.

종유석: 지하수가 물방울로 떨어지고 남은 광물질이 쌓여 동굴 천장에서 자라나요.

석순: 광물이 함유된 물이 바닥으로 떨어져 쌓이며 형성돼요.

세계에서 가장 큰 동굴은 베트남의 항손동 동굴이에요. 항손동 동굴은 그 안에 40층짜리 고층 건물을 세워도 될 만큼 **아주 커요.**

신비로운 산

해발을 기준으로 세계에서 가장 높은 곳은 히말라야산맥에 있는 에베레스트산이에요. 해발 8848m로, 산 정상은 바위와 얼음으로 뒤덮여 있어요. 공기가 너무 희박해서 숨을 쉬기가 어렵죠. 따라서 그곳에서는 그 무엇도 오래 살아남지 못해요.

그러나 해발을 기준으로 한 높이는 우리 눈에 보이는 부분만을 측정한 거예요. 하와이의 마우나케아산은 밑바닥에서부터 정상까지의 높이가 1만 210m예요. 그중 약 절반은 태평양 아래에 있긴 하지만요. 따라서 엄밀히 말하면 '세계에서 가장 높은 산' 중 1등은 마우나케아산이라고 할 수 있답니다.

산에서 가장 높은 곳을 **산꼭대기**라고 해요.

산양

혹시 히말설인?

산들이 길게 죽 이어져 있는 지형을 **산맥**이라고 해요.

산에서 살려면 바위가 많은 땅에서 자랄 수 있는 작은 식물을 먹고, 추위를 즐기고, 미끄러운 바위를 잘 기어오를 수 있어야 해요. 산양은 산에서 살아요. 원숭이들은 **살지 못해요**.

눈사태는 산비탈에서 커다란 눈 덩어리가 미끄러져 내리는 것을 말해요. 눈 덩어리는 속도가 빨라지고 강력해질수록 눈과 바위와 얼음을 더 많이 모으며 점점 불어나요. 1970년에 페루 지진으로 발생한 눈사태는 가장 치명적이었던 눈사태로 손꼽혀요. 사망자가 2만 명에 이르렀거든요.

이 '코뿔소사태'는 언덕 꼭대기에서 피아노를 치던 코뿔소가 낮잠을 자면서 깜빡하고 브레이크를 걸어 놓지 않아서 일어났어요.

눈사태를 만나면 뼈가 부러질 수도 있고, 눈 속에 몸이 파묻힐 수도 있어요. 그래서 동사나 질식사로 죽고 말지요.

코뿔소사태는 눈사태보다 **훨씬 더 치명적**이지만 다행히 아주아주 드문 일이랍니다.

만물 지식 상자

지구는 완전히 둥글지 않다. 남북극보다 가운데가 조금 더 뚱뚱한 타원형인데, 이 뚱뚱한 부분이 **적도**라고 알려져 있다. 그 차이는 가장 높은 산이나 가장 깊은 해구 높이의 2배가 넘는다. 만약 우리가 지구 중심부에서부터 가장 높은 산을 측정한다면, 불룩한 적도 바로 밑에 위치한 에콰도르의 침보라소산이 에베레스트산을 이길 것이다. 그러나 이는 여러분이 키를 재기 위해 바위 위에 서 있는 것이나 마찬가지이다.

지구가 펄펄 끓는 아기 행성이었을 때는
액체 상태의 물이 하나도 없었어요.
하지만 냉각이 되고, 비가 내리기 시작했고…
비가 내리고…
또 내리자…
마침내 골짜기들이 물로 채워지며 바다가 되었어요.

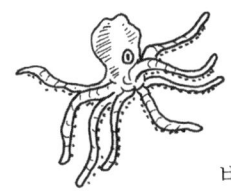

본래 바닷물은 강물에 소금이 씻겨 내려가기
전까지는 민물이었어요. 지금도 비가 많이 오는
지역은 바닷물이 덜 짜고, 건조한 지역에 가면
바닷물보다 더 짠 호수도 많이 있어요.

태평양의 마리아나 해구는 에베레스트산의 높이보다도 더 깊어요.
1000m가량 내려가면, 바닷속은 칠흑처럼 까맣고 물은 거의 얼어붙어
있어요. 그렇지만 그곳에도 진화를 통해 생존이 가능한 생명체들이 있어요.
머릿속이 투명하게 비치는 물고기도 있고, 입 바로 위에 빛을 달고 다니는
물고기도 있지요.

만물 지식 상자

바다는 염분에 적응하도록 진화한 동물들로 가득 차 있다. 하지만 **우리** 몸은 염분을 없애려면 물이 굉장히 많이 필요해서, 바닷물을 마시는 것은 매우 위험하다. 인간은 생존을 위해 약 60%의 신선한 물이 필요하므로, 물을 너무 많이 잃으면 안 된다. 어떤 육지 동물들은 90%가 물로 이루어져 있는데, 이는 거의 식물과 비슷한 수준이다.

강과 호수와 지하수

오리너구리

물고기

민물 가재

개구리

올챙이

거북

뱀장어

액체 상태의 물을 밟으면, 분자들이 흩어져서 몸이 **가라앉아요**.

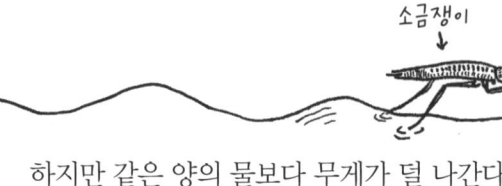
소금쟁이

하지만 같은 양의 물보다 무게가 덜 나간다면 거대한 배도 물에 **뜰** 수 있어요. 잠수함은 탱크에 공기를 채워서 물에 뜨게 해요. 그리고 물을 채워서 물에 가라앉게도 하지요.

강은 흘러내리는 커다랗고 긴 물길이에요. 나일강(6500km)과 아마존강(6400km)은 세계에서 가장 긴 강들이에요. 오스트레일리아의 머리강(2500km)도 꽤 길지요. 세계의 얼어 있는 물 가운데 90%는 남극 대륙에 있어요. **빙하**란 매우 느리게 흐르는 얼어붙은 강이에요.

우린 운이 좋아요! 지구에는 좋은 물이 참 많거든요. 그런데 왜 모두 가뭄을 걱정할까요? 지구의 민물이 약 2.5%에 지나지 않기 때문이에요. 나머지는 짠물이에요. 더구나 그 민물의 대부분은 지하수이거나 얼음이어서, 우리는 비와 눈과 이슬에 의존해서 살아가지요.

액체에는 **표면 장력**이라고 불리는 힘이 존재해요. 이걸 이용해 소금쟁이를 비롯한 곤충들과 거미들은 물 위를 걸을 수 있어요.

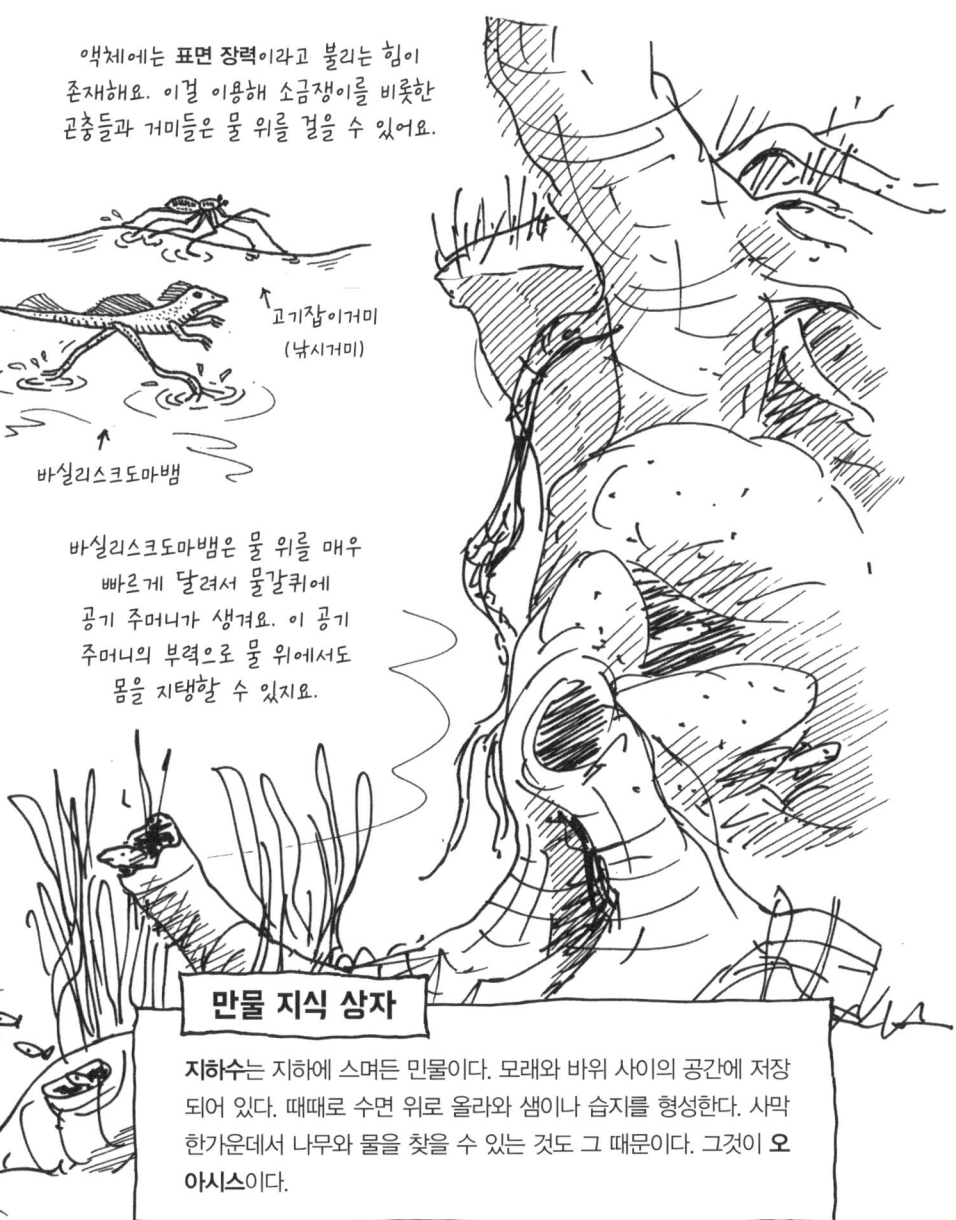

고기잡이거미
(낚시거미)

바실리스크도마뱀

바실리스크도마뱀은 물 위를 매우 빠르게 달려서 물갈퀴에 공기 주머니가 생겨요. 이 공기 주머니의 부력으로 물 위에서도 몸을 지탱할 수 있지요.

만물 지식 상자

지하수는 지하에 스며든 민물이다. 모래와 바위 사이의 공간에 저장되어 있다. 때때로 수면 위로 올라와 샘이나 습지를 형성한다. 사막 한가운데서 나무와 물을 찾을 수 있는 것도 그 때문이다. 그것이 **오아시스**이다.

물과 달

달에는 물이 한 방울도 없고, 달은 지구에서 약 38만 km 떨어져 있어요. 그런데 달이 지구의 물과 무슨 상관이 있을까요?

혹시 해변에 가 본 적이 있다면, 바닷물이 모래 위로 더 올라와 있을 때가 있고, 반대로 아래로 내려가 있을 때도 있다는 것을 알 거예요. 그게 바로 **밀물** 또는 **썰물**이에요.

지구의 중력은 지구상의 그 어떤 물(그리고 그 밖의 모든 것들)도 우주로 둥둥 떠가지 못하게 막아 줘요.

나는 달이고, 나도 중력이 있어!

그런데 달에도 중력이 있어요. 달의 중력은 항상 지구와 지구의 물을 끌어당기고 있지요. 밀물과 썰물이 생기는 이유도 바로 그 때문이에요.

보름달이 동물의 행동에 영향을 끼친다는 증거는 없답니다. 그래도 많은 사람이 그렇게 믿고 있지요.

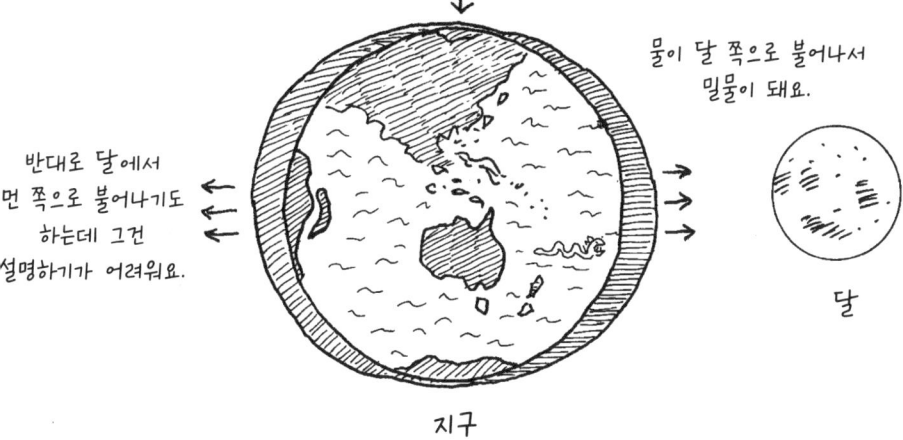

달이 보름달로 보인다는 것은 지구가 태양과 달 사이에 있다는 뜻이에요.

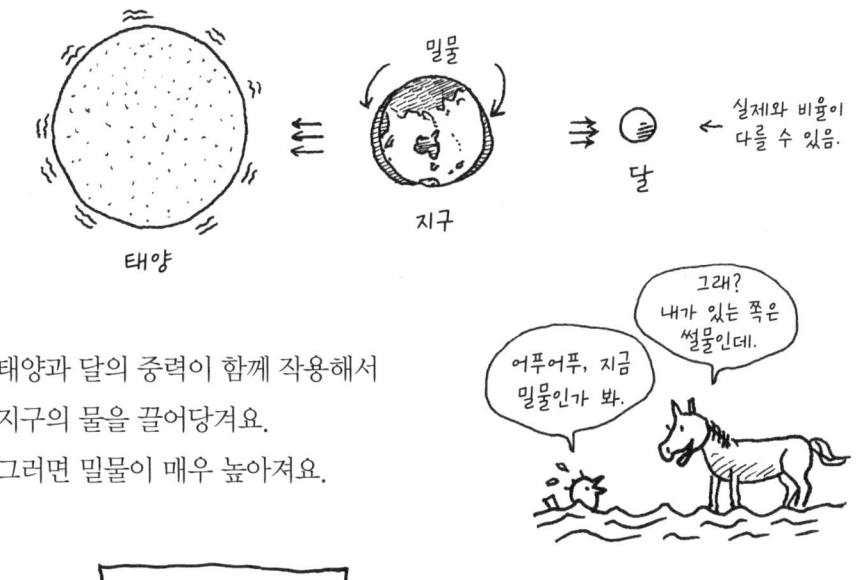

태양과 달의 중력이 함께 작용해서
지구의 물을 끌어당겨요.
그러면 밀물이 매우 높아져요.

만물 지식 상자

밀물과 썰물을 통틀어 조수라고 한다. 우리가 들고 있는 물컵에도 똑같은 조수가 작용하지만, 알아채기는 어렵다. 호수와 강도 보통은 우리 눈으로 확인할 수 있을 만큼 조수의 차가 크지 않다. 하지만 물의 양이 많을수록 움직임도 많아진다.

힘이 가진 힘을 사용하는 방법

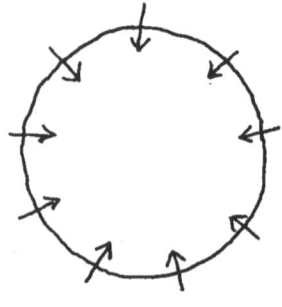

지구의 중력은 만물을 지구 중심으로 끌어당겨요.

새야, 나 좀 봐.
둥둥 떠다녀.

말을 풀어 주면, 중력이 작용해 말이 땅으로 떨어져요. 머나먼 우주에서는 말이 둥둥 떠다닐 거예요. 우주에는 중력이 없으니까요.

아이작 뉴턴이라는 사람은 나무에서 떨어진 물체가 그의 머리를 때리는 순간, **중력 이론**을 생각해 냈다고 해요. 다행히도 그 물체는 말이 아니라 사과였답니다.

당시 뉴턴은 이미 대단한 과학자였고, 그러니 일찍이 머릿속에 어떤 생각이 자리 잡고 있었겠지요. 1687년에 출판된 그의 저서 《프린키피아》는 과학을 영원히 바꾸어 놓았어요.

그건 내 아이디어였어. 근데 그 영광을 뉴턴이 몽땅 차지했다고.

우주의 모든 물체와 물체 사이에는 **중력**이 존재해요. 지구 위의 물체가 무게가 나가는 것도, 물체가 떨어지는 것도 바로 중력 때문이에요. 행성처럼 거대한 것들은 작은 것들보다 중력이 더 크지만, 그렇다고 가벼운 물체보다 무거운 물체를 더 빨리 끌어 내리는 건 아니에요.

지구에는 중력만 작용하는 게 아니에요.

만약 망치와 깃털을 동시에 떨어뜨린다면요?
둘 중 무엇이 먼저 땅에 닿을까요?

지구에서는 망치가 먼저 떨어질 거예요. 물체가 떨어지면 공기 분자들이 물체와 부딪히며 방해를 해요. 망치는 깃털보다 질량이 더 크기 때문에 공기 분자를 제거하는 데 더 효과적이지요.

공기가 없는 우주에서는 두 물체가 똑같은 속도로 떨어질 거예요. 실제로 아폴로 15호가 달 표면에서 망치와 깃털의 동시 낙하 실험을 진행했고, 촬영도 했어요. 누구나 인터넷에서 찾아볼 수 있답니다.

물체가 움직이거나 느려지거나, 또는 멈추는 것은 전부 **마찰력** 때문이에요.

마찰은 2개의 표면이 서로 맞닿아 비벼질 때 발생해요.

표면 사이에 생긴 마찰은 불을 일으킬 수도 있어요. 막대 2개를 서로 비비면 불꽃이 생기는 게 바로 그 때문이지요.

매끄러운 물체는 거칠거칠한 물체보다 마찰이 작게 발생해요.

망치보다 깃털이 더 느리게 떨어지도록 만드는 공기 저항도 일종의 마찰이에요.
항력이라고도 부르지요.

우리 주변에서 작용하는 또 다른 힘은 **자력**이에요.
모든 자석에는 N극과 S극이 있어요.

S극끼리는 서로 밀어 내요.

N극끼리는 서로 밀어 내요.

N극과 S극은 서로 끌어당겨요.

자력과 전기는 매우 밀접한 관계가 있어요.
두 가지 모두 전자의 움직임에 따라 발생하지요.
전자를 기억하나요? 전자는 원자핵 주위를 도는 소립자의 하나예요.

자석은 몇몇 금속을 끌어당기는 힘이 있어요. 우리가 사용하는 자석도
금속으로 만들지요. 그런데 세계에서 가장 큰 자석은 다름 아닌 우리가 사는
행성이에요. 네! 지구는 하나의 **거대한 자석**이랍니다.
북극과 남극이 있는 것도 그 때문이지요.

대박!

지구는 아주 **강력한** 자석은 아니에요.
그래도 지구의 자기장은 **태양풍**으로부터 우리를
보호해 줘요. 태양풍이란 태양에서 빠르게 방출되는
작은 입자들을 말하는데, 이 입자들은 지구 대기를 파괴할 수 있어요. 지구의
강력한 자기장은 전기를 띤 태양풍의 대기권 진입을 막아 주는 역할을 해요.

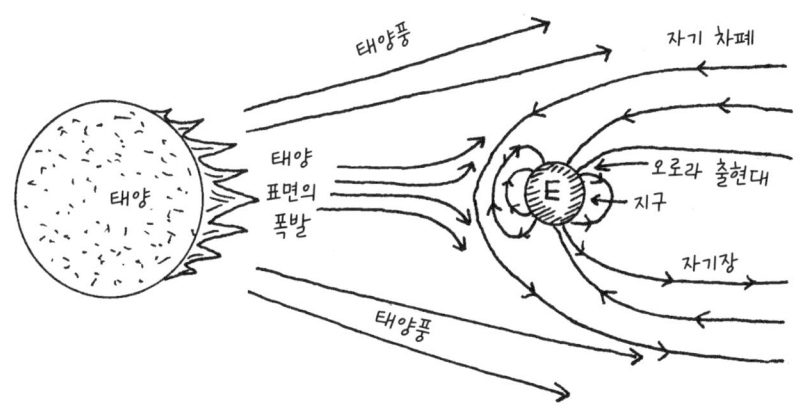

태양풍은 극지방의 하늘에 형형색색의 환상적인 빛을 발생시키기도 해요.
태양 폭풍은 기계와 장비를 망가뜨리거나 정전을 일으키기도 하지요.
공상 과학 소설처럼 들리겠지만 **진짜 과학**이랍니다.

지구의 **대기**는 계속해서 공기를 받아들이고, 태양의 복사열에 우리 몸이
새까맣게 타지 않게 해 주며, 유성이 우리를 덮치는 것을 막아 주어요.
다행히 중력의 작용으로 대기는 우주로 떠내려가지 않으며,
지구의 자기장은 대기를 안전하게 지켜 주지요.
우리가 숨 쉬는 공기는 주로 78%의 질소와 20%의 산소로 이루어져 있어요.
이 중에 우리에게 필요한 것은 산소예요.
산소는 우리의 생명을 유지하는 데 없어서는 안 되는 요소랍니다.

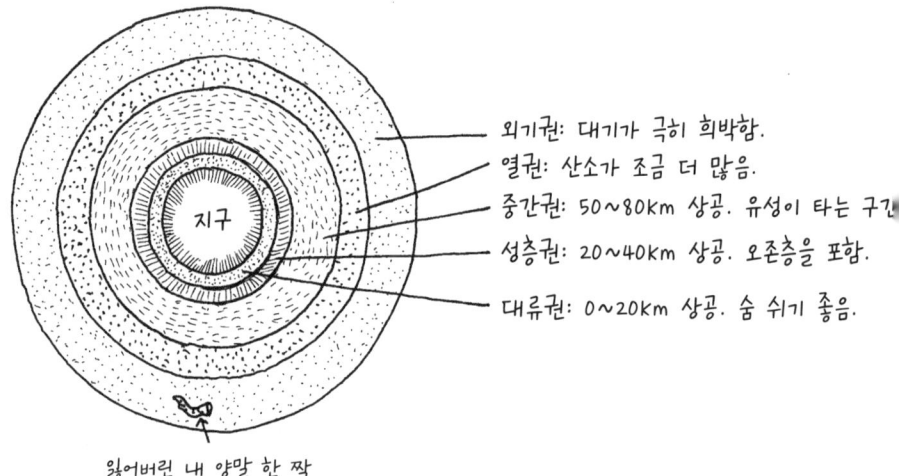

대기 중의 분자들은 빛을 흔들어 별이 반짝반짝 빛나는 것처럼 보이게
만들어요. 햇빛을 여러 가지 색깔로 흩어지게 만들기도 하고요.

우리 눈에 보이는 색은 모두 빛 속에 담겨 있어요. 공기 분자는 다른 색보다도
파란색을 더 잘 퍼뜨려요. 낮 하늘이 파랗게 보이는 건 그 때문이지요.

하지만 태양이 수평선에 있을 땐, 빛이 우리 눈에 닿으려면 더 많은 대기를
통과해야만 해요. 그러면 파란색이 다 흩어져서 아름다운 빨간색, 노란색,
주황색, 분홍색을 볼 기회가 생기지요. 그게 바로 일몰과 일출이랍니다.

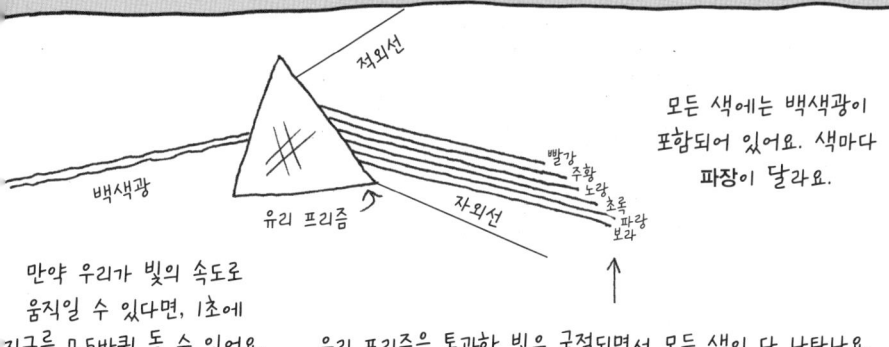

모든 색에는 백색광이 포함되어 있어요. 색마다 **파장**이 달라요.

만약 우리가 빛의 속도로 움직일 수 있다면, 1초에 지구를 7.5바퀴 돌 수 있어요.

유리 프리즘을 통과한 빛은 굴절되면서 모든 색이 다 나타나요. 서로 다른 기체와 액체, 고체는 저마다의 파장에 따라 빛을 다르게 분산시키고, 일부는 흡수하기도 해요. 물체마다 색깔이 제각각인 건 바로 그 때문이에요.

햇빛이 대기 중의 물방울을 통과하면 **무지개색**을 볼 수 있어요. 하지만 우리가 볼 수 있는 빛은 **전자기 스펙트럼**의 아주 작은 부분일 뿐이에요.

스펙트럼의 빨간색 바깥쪽에는 우리 눈에는 보이지 않는 **적외선**이라고 불리는 보다 긴 파장의 광선이 있어요. 햇빛이 따뜻한 건 적외선 때문이에요.

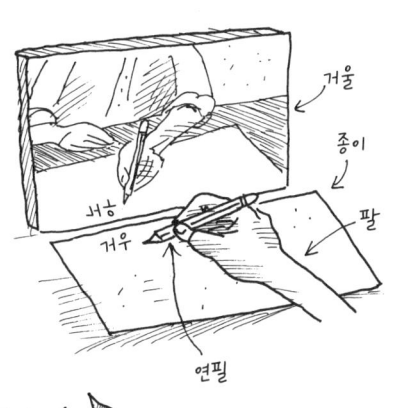

스펙트럼의 보라색 바깥쪽에는 우리 눈에는 보이지 않는 **자외선**(UV)이 있어요. 햇빛을 쬐었을 때 **살이 타는** 건 자외선 때문이에요.

빛의 반사

만물 지식 상자

우리 눈에 이 책이 보이는 이유는 책에 부딪쳤다가 튕겨 나온 빛이 우리 눈에 들어오기 때문이다. **그림자**는 빛이 차단된 영역일 뿐이다. 내 그림자가 나와 같은 모양인 것도 그 때문이다. **반사**는 빛이 거울이나 물처럼 반짝이는 표면에 부딪쳐 튕겨 나갈 때 일어난다.

우리가 숨 쉬는 공기로 해로운 가스가 퍼지면 건강에 좋지 않아요. 그런데 어떤 오염은 **지구 전체**에 좋지 않아요.

온실가스라고 불리는 몇몇 가스들은 햇빛에서 나오는 열을 대기 안에 가두어요. 이로써 기온이 상승하고 **기후 변화**가 일어나지요. 기후 변화가 일어나면 몇몇 지역은 동식물이 살기 힘든 곳이 되고 말아요. 빙하가 녹고 해수면이 상승하지요. 파괴력이 아주 큰 가뭄, 폭풍, 화재, 홍수가 일어날 수도 있어요.

이산화 탄소는 온실가스예요. 온실가스를 만들어 내는 것들은 아주 많아요. **화석 연료**를 태우면 **엄청난 양**의 온실가스가 발생해요. 게다가 인간은 이산화 탄소를 산소로 바꿔 주는 숲을 계속해서 베어 내고 있어요.

그런데 온실가스와 방귀는 무슨 관계가 있을까요? 사람들은 소를 **많이** 기르고, 소들이 내뿜는 방귀와 트림은 **많은 양**의 강력한 온실가스를 만들어 낸답니다. 그게 **메탄가스**예요! 소리 소문도 없이 생명을 위협하는 거죠.

우리는 **연소**라고 하는 화학 반응을 통해 연료를 태워요.

물질은 갑자기 타오를 수 없어요. 기체가 생성될 때까지 열을 가해야 해요. 그렇게 생긴 기체는 공기 중의 산소와 반응해서 화학 에너지를 열에너지와 빛 에너지로 바꾸어요.

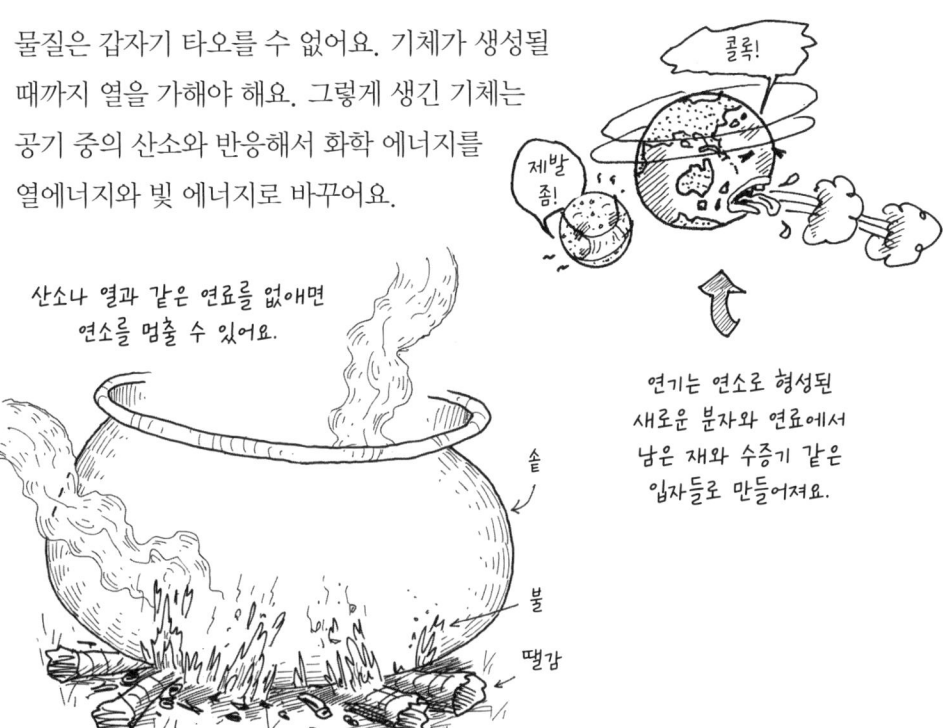

산소나 열과 같은 연료를 없애면 연소를 멈출 수 있어요.

연기는 연소로 형성된 새로운 분자와 연료에서 남은 재와 수증기 같은 입자들로 만들어져요.

솥
불
땔감

연료에 따라 방출하는 가스가 다르고, 온도에 따라 **불꽃**의 색깔도 달라져요.

불이 물의 끓는점보다 뜨겁기 때문에 기름으로 일어난 화재에는 물을 쓰면 안 돼요. 물을 뿌리면 물이 수증기로 바뀌면서 팽창하고, 그 과정에서 끓는 기름이 사방으로 튀면서 불길이 더 번지거든요.

만물 지식 상자

오존(O_3)은 3개의 산소 원자로 이루어져 있다. 오존층은 태양에서 나오는 위험한 자외선 B로부터 우리를 보호해 준다. 1970년대에 들어 과학자들은 인간이 만들어 낸 특정 화학 물질이 오존을 파괴하고 있다는 것을 알아냈다. 좋은 소식은 전 세계 사람들이 오존을 파괴하는 화학 물질의 생산과 사용을 금지하도록 했다는 사실이다. 오존층은 현재 회복되고 있다.

식물은 낮 동안 **광합성**을 해요.

식물은 햇빛에서 받은 에너지를 이용해 물과
이산화 탄소를 다른 종류의 에너지로 바꾸어요.
식물은 그렇게 만든 에너지로 자라나지요.

뿌리를 통해 물을 흡수하고, 잎을 통해 공기 중에서 이산화 탄소를 흡수해요.

산소를 다시 공기 중으로 배출해요.

이산화 탄소 + 물 + 태양의 에너지 = 포도당 에너지 + 산소

육지에 사는 나무와 식물만 산소를 만들어 내는 게 아니에요.
바다에 사는 수백만 개의 아주 작은 식물들도 아주 좋은
산소를 **아주 많이** 만들어 내요.

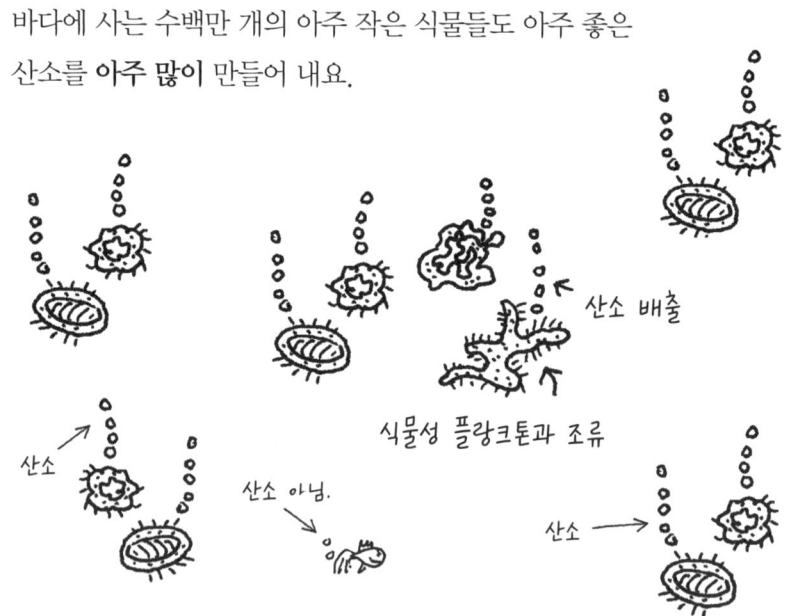

산소 배출

식물성 플랑크톤과 조류

산소

산소 아님.

산소 →

탄소 순환

생물은 숨을 쉬어요.
심지어 식물들도 밤이 되면 작은 공기 구멍을 통해 산소를 들이마셔요.
생물은 **호흡**이라고 하는 과정에서 에너지를 만들어 내는데
이때 산소가 필요해요.

동물과 식물이 몸속의 산소를
이용해 에너지를 만들어 내면
이산화 탄소가 생겨요.
동물은 그 이산화 탄소를
숨으로 내뱉어요.

무언가가 죽어서 분해될 때나,
또는 무언가를 태울 때, 산소가 모두
소비되고 이산화 탄소가 생겨요.
그것을 **탄소 순환**이라고 해요.

만물 지식 상자

심지어 물고기도 산소를 사용한다. 입을 통해 물이 몸속에 들어오면, 아가미가 수많은 작은 혈관을 이용해 물에서 산소를 흡수한다. (물은 수소 원자 2개와 산소 원자 1개로 구성된다.) 말뚝망둥어 같은 물고기들은 물 밖에서도 호흡을 하며 생존이 가능하다. 개구리는 올챙이일 때는 아가미로 호흡을 하고, 개구리일 때는 허파로 숨을 쉰다.

물의 순환

물 분자는 이렇게 생겼어요.

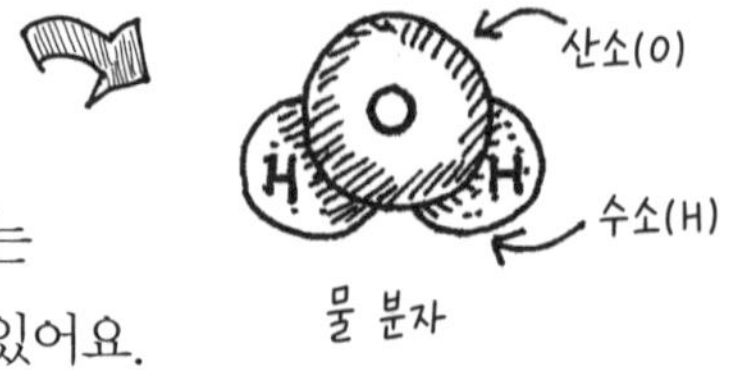

아주 작은 한 방울의 물도 실제로는 **수십억 개**의 물 분자로 이루어져 있어요. 그 물 분자들은 서로 다른 **상태**로 끊임없이 지구를 순환해요.

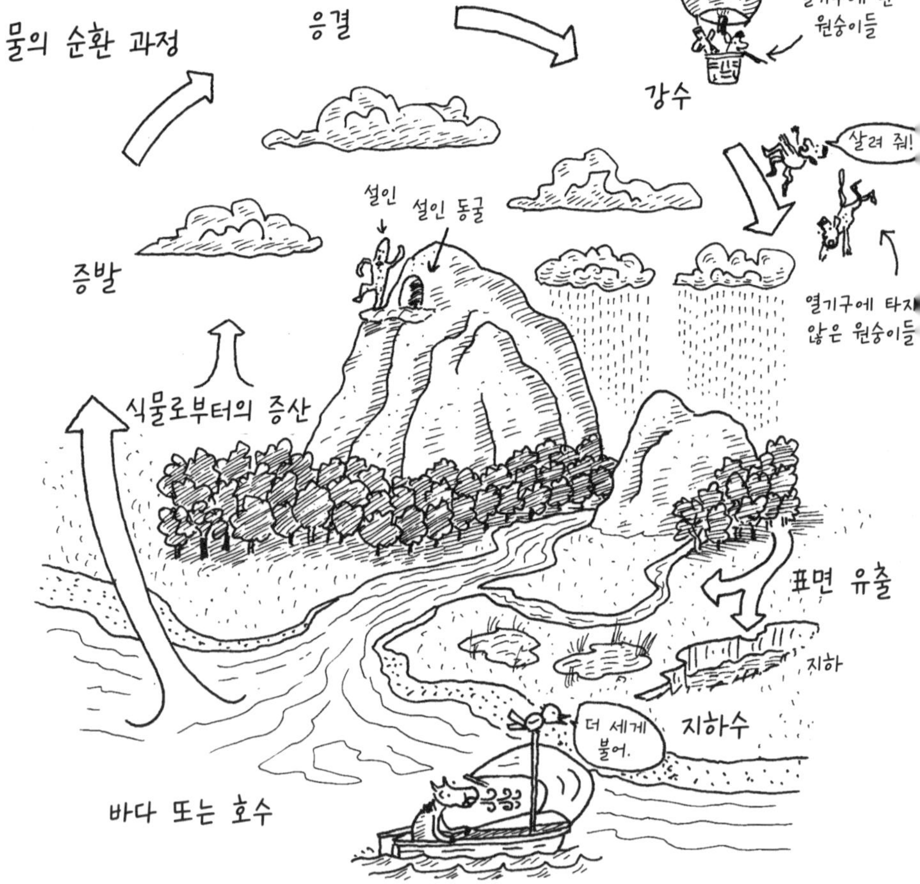

산소(O)
수소(H)
물 분자

물의 순환 과정

응결

강수

열기구에 탄 원숭이들

살려 줘!

열기구에 타지 않은 원숭이들

증발

설인 설인 동굴

식물로부터의 증산

표면 유출

지하
지하수

더 세게 불어.

바다 또는 호수

물은 매우 특별해요. 지구상에서 물은 쉽게 액체, 고체, 기체가 되지요. 모든 분자가 액체, 고체, 기체로 상태를 바꿀 수는 있지만, 보통은 엄청난 온도나 기압의 변화가 필요하고, 인간은 그중에 어느 조건에서도 살아남지 못할 거예요.

구름은 무엇일까요?
우리를 둘러싼 공기는 소량의 **수증기**로 이루어져 있어요.

수증기가 식어서 물방울과 아주 작은 얼음 알갱이를 이루면, 구름이 보이기 시작해요.

따라서 오늘날 우리가 마시고 있는 물 분자는 그 옛날, 공룡들이 마셨던 것과 정확히 똑같은 물 분자랍니다.

권운(새털구름):
강한 바람에 날리는 듯한 모양의 크고 높은 구름.

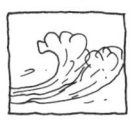

권적운(털쎈구름):
작은 구름 덩이가 촘촘히 흩어져 나타나는 구름.

적운(쎈구름):
산더미처럼 크고 몽실몽실한 구름.

층적운(층쎈구름):
작은 구름 덩이들이 긴 띠를 이루며 나타나는 구름.

층운(층구름):
땅 위에 낮게 깔린 가느다랗고 몽실몽실하면서도 성긴 구름.

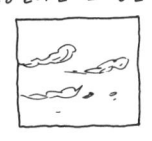

웩! 물에서 익룡 맛이 나!

테리 익룡

만물 지식 상자

물의 상태를 바꾸려면 열에너지를 더하거나 없애면 된다. 얼린 물에 열을 더하면 분자들이 더 빨리 움직여서 더는 서로를 잡고 있을 수가 없다. 물을 끓이면 분자들끼리는 서로를 다 붙잡고 있을 수가 없다. 열을 빼앗으면 분자들은 속도를 늦추고 얼음이 되기 위해 다시 서로를 단단히 붙잡는다.

악천후

토네이도와 **사이클론**은(허리케인과 태풍이라고도 해요) 놀라운 속도로 회전하는 폭풍이에요. 토네이도는 육지에서 발생한 뇌우 속에서 형성되지만, 사이클론은 규모가 거대하며, 따뜻한 지역의 바다 위에서 생겨나요.

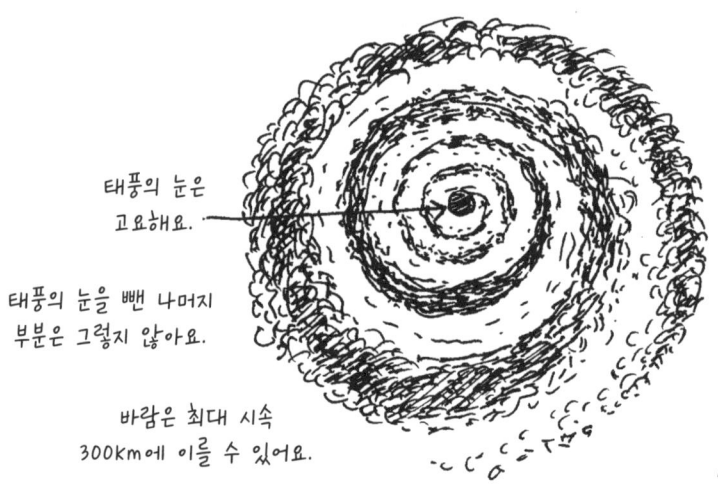

태풍의 눈은 고요해요.

태풍의 눈을 뺀 나머지 부분은 그렇지 않아요.

바람은 최대 시속 300km에 이를 수 있어요.

우리는 기억하고 말하기 쉽게 태풍을 비롯한 열대 폭풍에 이름을 붙여요.

사이클론 원숭이

사이클론 트레이시는 역사상 두 번째로 작은 사이클론이었어요. 그렇지만 1974년 크리스마스 날, 오스트레일리아의 다윈시를 강타하며 71명의 사망자를 냈어요.

1970년 방글라데시에서 발생한 사이클론 볼라는 약 50만 명의 사망자를 냈어요. 역사상 가장 치명적인 자연재해 중 하나로 손꼽히죠. 사이클론은 최대 10m에 달하는 **해일**을 동반하기도 해요. 사이클론이 섬 전체를 휩쓸어 버릴 수도 있지요. 그리고 홍수는 엄청난 파괴와 산사태 및 질병을 일으켜요.

적당한 비와 산들바람은 고맙지만, 우박과 강풍, 너무 많은 비는 파괴와 홍수를 불러올 수 있어요. 반대로 비가 충분히 내리지 않으면 가뭄과 걷잡을 수 없는 산불이 일어날 수 있고요.

산불은 통제하기가 힘들어요. 산불은 야산을 태울 때 **훨씬 빠르게** 이동해요. 산불은 번개 때문에 일어나기도 하지만, 산불이 번개를 **만들어 내기도** 해요.

바람의 변화는 산불의 방향을 바꿀 수 있어요. 강풍이 불면 불 속에 더 많은 산소가 유입되어 산불이 악화돼요.

바람이 땅을 타고 불을 앞으로 밀어 내요.
연료가 건조할수록 연소 속도는 더 **빨라져요**.

만물 지식 상자

과열되고 매우 건조한 공기 때문에 큰 산불 위로 형성되는 구름을 **화재 적운**이라고 부른다. 이 구름은 비를 내리기도 하지만(좋은 소식), 보통 불 위로는 비를 뿌리지 않는다. 비보다는 거센 바람과 마른번개와 화염 토네이도를 일으킬 때가 많다(**매우 나쁜 소식**).

전기 에너지는 어디에나 있어요

전기는 번개처럼 하늘에도 있고, 우리 몸속에도 있어요.

원자가 존재하는 **모든 것들을** 구성한다는 사실을 기억하나요?

전기란 원자와 원자 사이의 전자의 흐름이에요. 두 가지 물질을 비비면 쉽게 전자를 이동시킬 수 있어요.

전자는 무겁지 않고, 음전하를 띠어요.

핵은 양전하를 띠는 양성자(양성자는 무거워요)와 중성자로 이루어져 있어요.

그런데 원자는 동일한 수의 전자와 양성자를 갖는 걸 좋아해요.

어떤 물질에 전자가 너무 많으면 다른 물질에 닿는 순간, **불꽃**(스파크)과 **전기적인 충격**이 일어나요.

원숭이 1이 엉덩이를 양탄자에 문지르면 음전하가 생겨요.

원숭이 1이 원숭이 2를 만져서 전기 충격을 줘요.

그사이 원숭이 3은 도망가요.

양탄자에 대고 **신발**을 문지르면(부탁인데 엉덩이로는 하지 마시길!) 전자를 움직이게 할 수 있고, 그 결과 아주 작은 전하가 생겨나요. 그러면 친구에게 **전기 충격**을 줄 수 있어요. 그게 바로 **정전기**예요.

번개는 일종의 정전기예요. 뇌운 속에서 많은 먼지와 얼음 결정이 마찰을 일으키면 전자가 축적돼요. 그렇게 축적된 전자들은 어디론가 가야만 하지요.

그 전자들이 거대한 불꽃을 일으키며 공기를 타고 흘러요. 그럼 공기가 뜨거워져요.
천둥은 공기가 순간적으로 크게 팽창하며 나는 소리예요.

천둥소리는 번개를 보고 난 뒤에 들려요. 빛이 소리보다 빠르기 때문이에요.

우리 몸은 **신경 자극**이라고 하는 아주 작은 전기 신호를 많이 만들어 내요. 그래서 감전되면 죽을 수도 있어요. 감전이 되면 몸속의 전기 신호들을 어지럽히거나, 심하면 심장 박동을 멈추게 하거든요.

지금 여러분의 세포들이 뇌 속의 아주 작은 전하를 통과하며
"코 좀 그만 후비고 책장을 넘겨!"라고 말하고 있네요.

날씨는 **계절**에 따라 변하지만, 계절은 어디서나 똑같은 방식으로 변하는 게 아니에요. 또 모든 문화에 똑같이 4개의 계절이 있는 것도 아니고요. 오스트레일리아 원주민 사회에서는 1년을 여섯 계절로 나누는 곳도 많아요.

* 계절의 변화: 그림은 남반구 기준이며, 우리나라가 속한 북반구는 이와 반대이다.

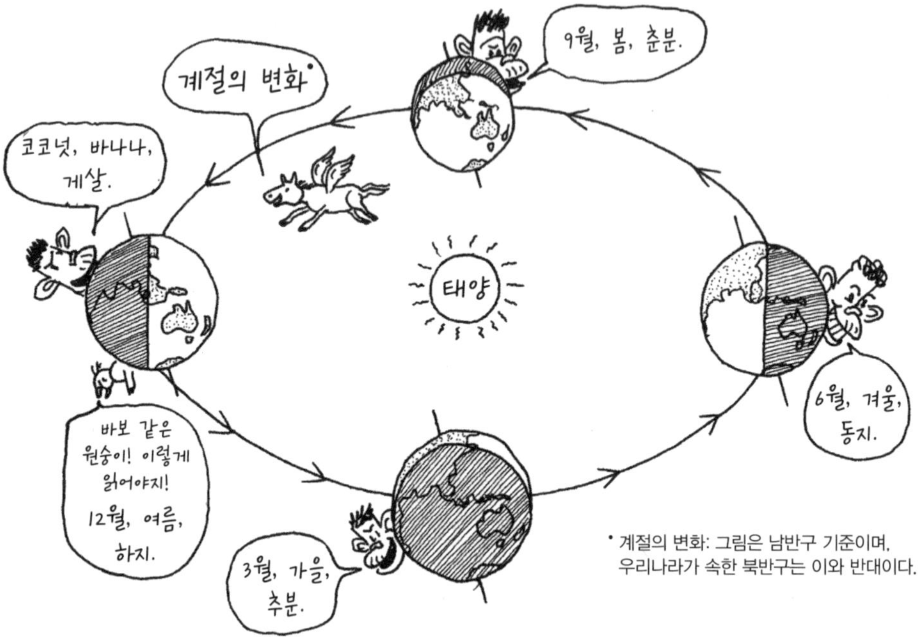

아직 아기 행성이던 당시에 일어난 충돌로 지구는 약간 기울어져 있어요. 그렇지만 북극은 항상 같은 방향을 가리키고 있지요.

우리가 집에서 받는 햇빛의 양은 1년을 기준으로 날마다 조금씩 달라져요.

해 뜨는 시간과 해 지는 시간도 달라지지요.

여름에는 낮이 길지만, 겨울에는 낮이 짧아요.

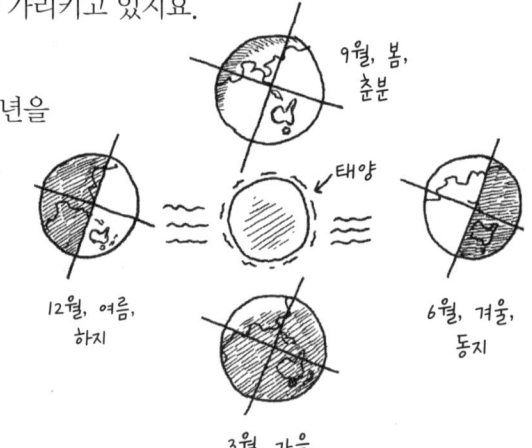

아침 해가 떴습니다

실제로 태양은 **뜨지도 지지도** 않아요. 우리 눈에 그렇게 보일 뿐이죠. 우리가 가만히 서 있는 것 같지만, 지구는 지금도 **지축**을 중심으로 돌고 있어요. 지축이란 북극과 남극을 연결하는 자전축을 말해요.

밤이 어두운 이유는 지구상에서 지금 우리가 있는 곳이 태양의 열과 빛을 마주하고 있지 않아서예요.

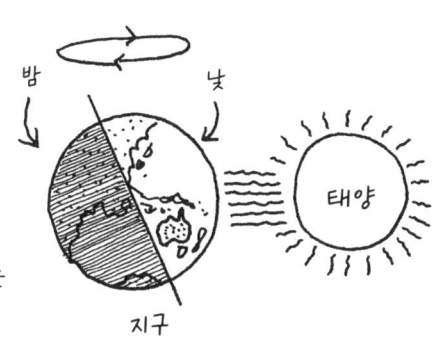

만약 우리가 북극이나 남극에 산다면 여름에는 **몇 달 동안** 햇볕만 쬐고 겨울에는 **몇 달 동안** 어둠 속에 있게 될 거예요.

지구의 기울기와 궤도는 수만 년에 걸쳐 조금씩 달라져요. **빙하기**가 생기는 것도 그 때문이에요. 마지막 빙하기 동안, 지구 육지의 약 4분의 1이 얼음이었어요.

대륙들은 오늘날과 같은 위치에 있었지만, 해수면은 훨씬 낮았어요. 그때 사람들이 살고 걸어 다니던 곳들이 지금은 바다가 되었지요.

빙하 시대는 약 1만 2000년 전에 끝났어요. 해수면이 약 120m 상승했고, 털북숭이 매머드와 검치호 같은 거대 동물들은 멸종되었어요.

생물과 무생물이 하나의 환경에서 공존하는 것이 **생태계**예요.
생물이 살아가는 자연환경을 **서식지**라고 하고요.

지구의 자연환경이 어디나 같은 건 아니에요.
세계에는 비슷한 생태계 집단들이 있어요. 그것을 **생물 군계**라고 해요.
육지에는 **육생** 생물 군계가 있고 물에는 **수생** 생물 군계가 있어요.

생물은 사는 환경에 맞게 변할 수 있어요.
어떤 동물들은 자신들에게 맞게
환경을 바꾸기도 해요.

이와 같은 경쟁의 목적은 더 오래 살고, 더 잘 먹고, 잡아먹히지 않고, 더 많은 자손을 갖는 거예요.

인간들은 그것을 **아주** 잘하게 되었어요. 지구에는 약 78억 명의 사람들이 살고 있어요. 하지만 요즘엔 야생에서 사람을 거의 찾아볼 수가 없어요.

우리 행성은 우리를 (많이) 보살펴 주어요.
우리는 우리의 행성인 지구를 (많이) 보살펴 주고 있을까요?

종이, 플라스틱, 뽁뽁이,
판지, 유리, 스티로폼

3

우리 이전의 생명

생명은 어딘가에서 시작되어야만 했어요

지구상에서 생명이 시작되었을 때는 지금의 우리와 너무도 달라서 **외계인**이나 마찬가지였을 거예요.

지구상의 생명체가 언제 어디에서 처음 나타났는지는 모르지만, 물속이었을 가능성이 커요.

바닷속의 끓어오르는 화산 분출구 주변에서 만들어졌을지도 몰라요.

처음에는 그저 하나의 세포였고, **아주아주** 작았어요.
그래도 무척 **놀라웠지요**.

원시 단세포 원숭이
생명체 3개

45억 년 전, 지구가 아기에 불과했던 시절에는 매우 뜨거웠어요. 한동안 공기가 기화된 암석으로 이루어져 있었을 거예요. 그건 뜨거운 것보다 더 뜨거운 거랍니다. 하지만 차차 지구가 식기 시작하고 바다가 형성되면서 상황이 정말 흥미로워졌지요….

생명체가 살았다는 가장 초기의 증거는
35억 년 된 **화석**에서 발견되었어요.

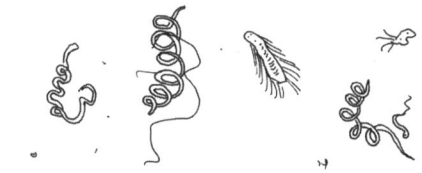

우리는 화석을 수백만 년에 걸쳐 돌로 굳어진
뼈나 껍데기, 또는 나무라고 생각해요. 식물이나 동물이 보존된 조각들이나, 암석으로 굳어진 진흙이나, 점토에 새겨진 자국을 떠올리기도 하고요.
그런데 35억 년 전에는 그런 것들이 하나도 존재하지 않았어요.

가장 초기의 화석은 오스트레일리아에서 발견되었어요.
스트로마톨라이트라고 불리며, 한때 박테리아가 들어 있었던 바위들이에요.

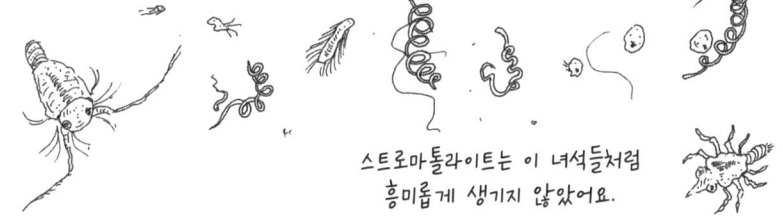

스트로마톨라이트는 이 녀석들처럼 흥미롭게 생기지 않았어요.

스트로마톨라이트는 식물처럼 광합성을 할 수 있어요.
요즘엔 매우 드물지만, 과거에는 **어디에나** 있었고, **매우** 중요했지요.

> **만물 지식 상자**
>
> 보통 **생명체**를 말할 때 박테리아, 식물, 동물을 뜻한다. 바위는 살아 있는 생명체는 아니지만, 스트로마톨라이트 같은 생물들은 바위처럼 보이는 덩어리를 만들어 낸다. '생명체'란 무엇인지에 대해 과학자들의 의견이 모두 일치하는 것은 아니다. 그러나 보통은 번식하고 성장하고 적응하고 에너지를 사용할 수 있다면, 그것을 살아 있다고 여긴다. 또한 하나 이상의 세포로 이루어져 있다는 뜻이기도 하다. 생명체는 **유기체**라고도 불린다.

긴긴 시간 동안 스트로마톨라이트는 광합성을 통해 에너지를
만들었어요. **많은** 이산화 탄소를 써서 **많은** 산소를 만들어 냈지요.
그들은 다른 생명체가 진화하기에 충분한 양의 산소를 만들어
냈어요. 그런데 공기 중의 이산화 탄소가 줄어들면서
모든 것이 **더욱** 냉각되었어요.

스트로마톨라이트들에겐 너무 차가워진 데다, 공기 중의
이산화 탄소도 충분하지 않았어요. 너무 활발히 활동한
나머지 오히려 스스로의 멸종을 초래한 셈이지요.

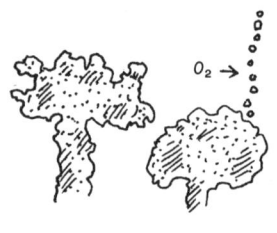

스트로마톨라이트들

8억 년 전, 공기 중의 산소 비율은 지금과 같았어요.
게다가 이미 오존층도 형성되었지요.
오존층은 태양의 복사열로부터 지구를 보호해 주었어요.
그리하여 약 6억 년 전, **진짜** 생명체가 그 시작을 알리게
되었어요. 그 생명체들은 하나 이상의 세포,
즉 다세포로 이루어져 있었어요!

초기 다세포 동물들은 해면동물, 산호, 해파리, 편형동물이었어요.

맞아요, 편형동물은 징그러워요! 그리고 해파리는! 냉채로 먹으면 맛있죠!

원숭이를 잡아먹는 매우 희귀한 다세포 생물
(소설 속 동물일지도 모름!)

과학 지식 상자를 먹는 원숭이를 잡아먹는 원숭이

만물 지식 상자

지구상의 모든 생명체는 하나의 조상에서 출발했다. 여러분, 나, 식물, 곰팡이! 박테리아! **살아 있는 모든 것**이 말이다. 과학자들은 고대 생명의 역사를 **대**(代) 또는 **기**(期)로 나누었다. 그렇게 구분하면 언제 생명의 발달에 큰 변화가 일어났는지 기억하는 데 도움이 된다. 그 첫 번째 시기(가장 긴 시기)는 **선캄브리아기**라고 불린다.

과학 지식 상자를 먹는 원숭이

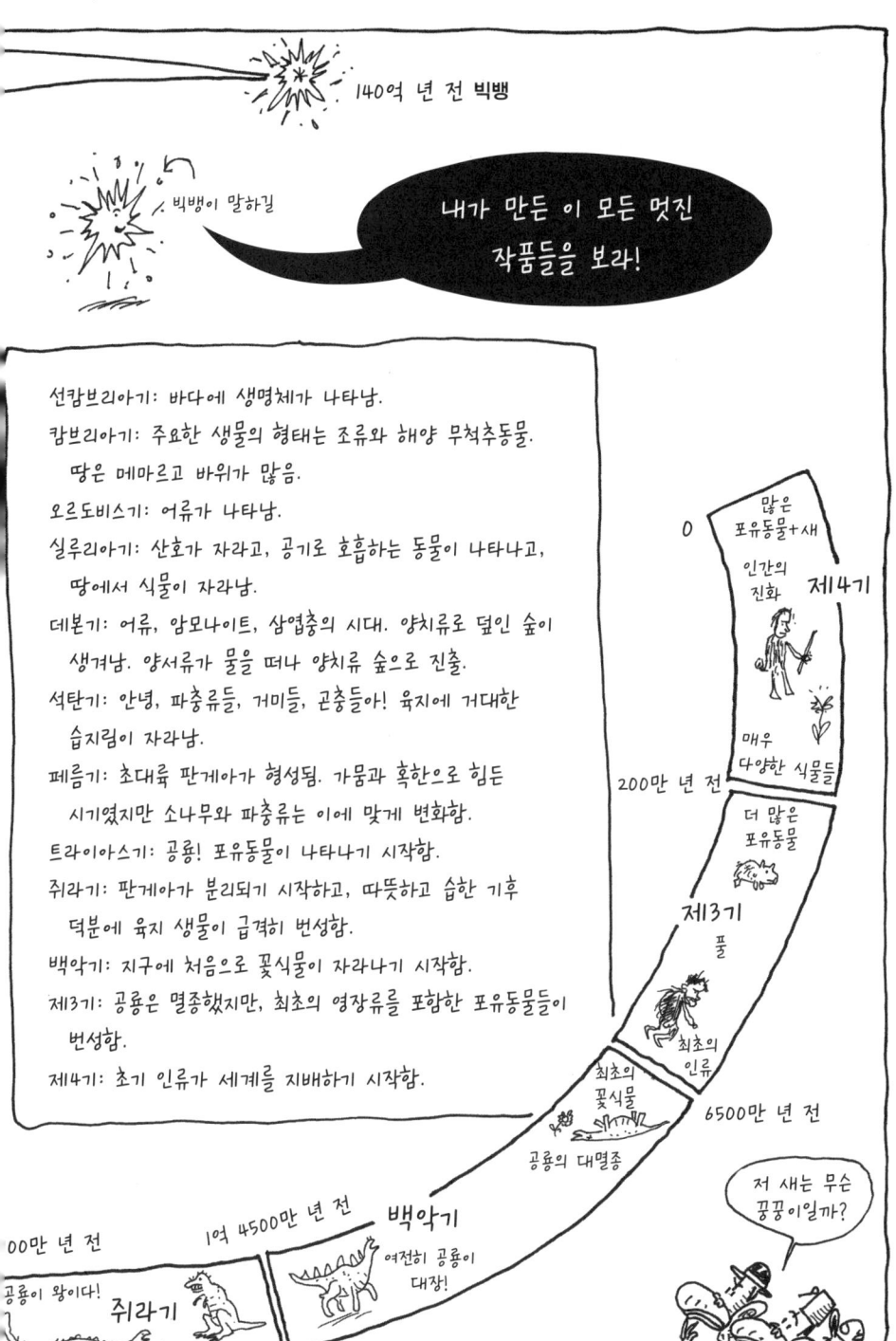

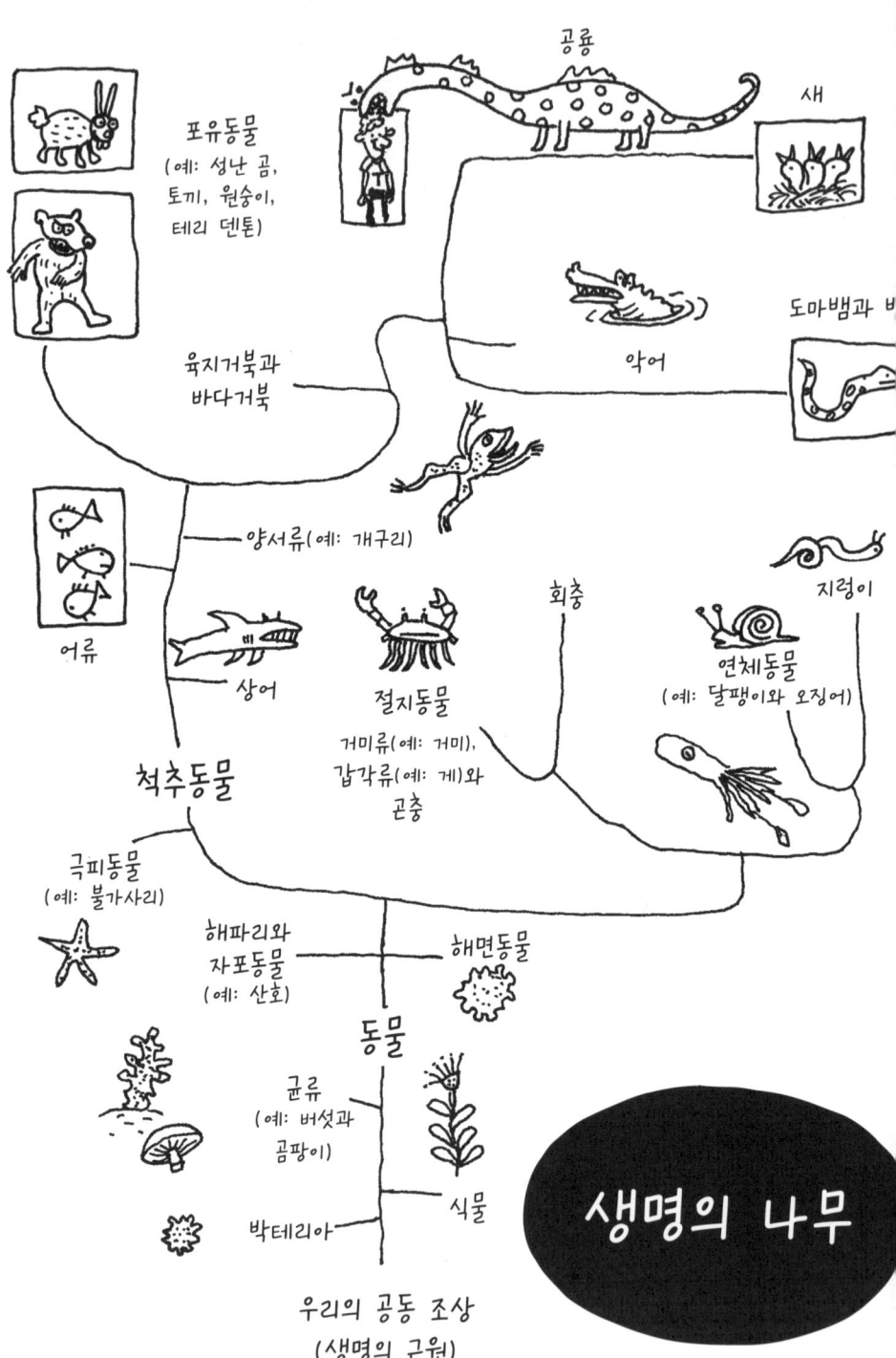

테리 덴톤 박사는 버섯과 친척이에요

"나, 이거 별로야."

1859년, 찰스 다윈이라는 매우 영리한 사람이
《종의 기원》을 출판했어요.
다윈의 연구는 생물이 **진화**했다는 것을 보여 주었어요.
진화는 줄기에서 아주 서서히 '갈라진' 서로 다른 종류의 생물들이
자라는 한 그루 나무와도 같아요.
그런데 많은 사람이 진화를 믿고 싶어 하지 않았어요.
인간이 고릴라와 밀접한 관계라는 말에 단단히 **화가 났지요**.
하지만 우리는 단지 고릴라와만 관련이 있는 게 아니에요.
모든 생명이 먼 친척이나 다름없어요.

우리가 모두 버섯과 같은 조상에서
진화했다는 말은 믿기 어려울 거예요.
하지만 사실이랍니다.

"나도 별로라고."

아주 잘 그린 고릴라 그림

"나도 내가 인간과 친척이라는 게 썩 좋진 않아."

만물 지식 상자

박테리아는 대부분 단세포 생물이다. 그 밖의 모든 것들은 하나 이상의 세포가 있다. 버섯에는 수백만 개의 세포가 있고, 인간의 몸에는 **수조 개**가 넘는 세포가 있다.

식물이 조류에서 꽃이 피는 속씨식물로 진화하기까지는
오랜 시간이 걸렸어요. 그래도 기후가 변할 때마다
식물들은 진화를 통해 살아남았지요.

양치류는 온화하고 습했던 데본기에 번성했어요.
양치류가 숲을 이루며 땅을 뒤덮었지요. 양서류는 그러한
숲에서 살기 위해 물 밖으로 뛰어나왔어요. 습지와
열대 지방에서는 지금도 양치류를 볼 수 있어요.

겉씨식물은 꽃이 없는 식물이에요.
전나무는 혹한기였던 페름기에 진화했어요.
전나무는 매우 튼튼해서 지금도
추운 지역에서 잘 자라요.

드디어 예쁜 꽃이 피는
속씨식물까지
왔네요.

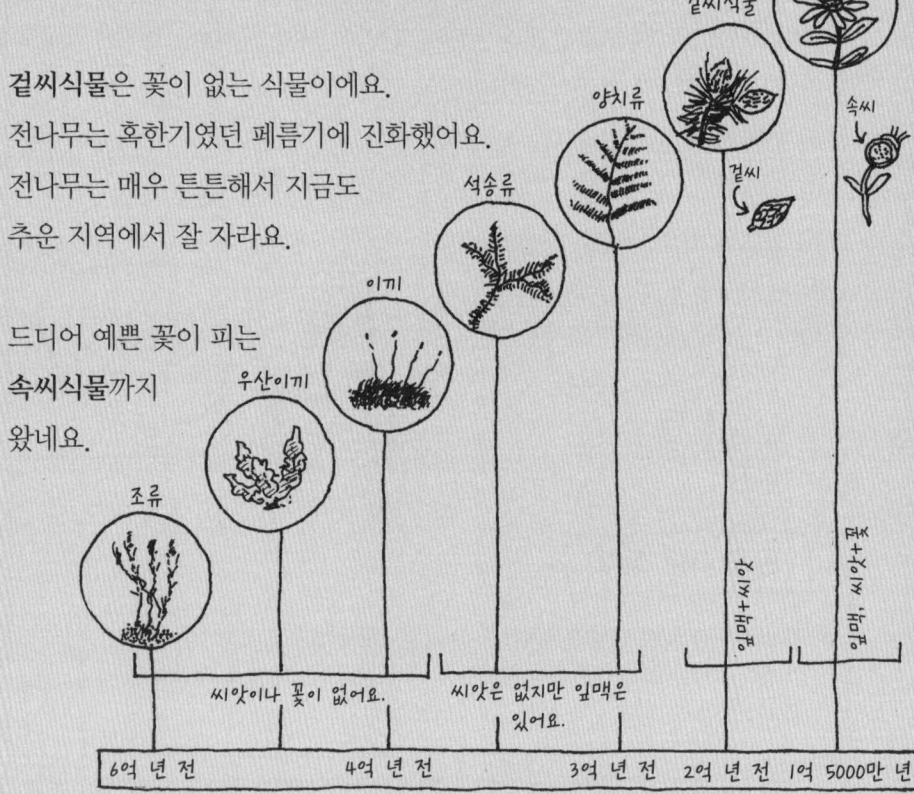

진화에서 갑자기 일어나는 일은 하나도 없어요. 수백만 년이 걸릴 수도 있고 수백만 세대가 걸릴 수도 있어요. 변화는 그 변화가 유용할 때만 인정받아요. 작은 단계들을 한 단계씩 거치며, 생물들은 초기의 단세포 유기체에서 오늘날 우리가 알고 있는 복잡한 동물과 식물로 변화했어요.

균류는 생명의 나무에서 동물들이 갈라지기 직전에 갈라져 나왔어요. 식물이 갈라지고 약 900만 년 뒤였지요.

균류는 스스로 먹이를 만들어 내지 못해요.

균류도 '먹고 마셔야' 해요.

균류는 식물보다는 동물에 더 가깝죠.

포자는 우리가 먹는 부분인 버섯의 갓에서 방출되는 작은 세포예요. 포자는 바람을 타고 날아가요.

땅에 습기와 먹이가 있으면 포자에서 싹이 터요.

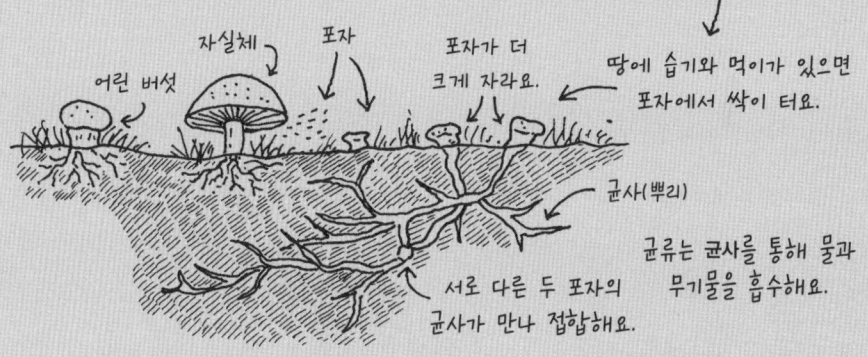

어린 버섯 / 자실체 / 포자 / 포자가 더 크게 자라요. / 균사(뿌리)

서로 다른 두 포자의 균사가 만나 접합해요.

균류는 균사를 통해 물과 무기물을 흡수해요.

균류는 동물과 식물을 먹어요. 산 것도 먹고, 죽은 것도 먹고! 오래된 과일 위에 사는 곰팡이도 균류예요. 그리고 어떤 균류는 우리 몸에서 자랄 수도 있어요. 으악!

신이 난 버섯

요정의 고리

풀밭에 버섯들이 둥그렇게 나서 생긴 부분으로, 지름이 10m까지 자라나요. 요정들이 춤을 춘 자리라고 믿었죠.

> ### 만물 지식 상자
> 빵을 부풀게 하는 효모는 균류의 하나이다. 그리고 많은 약이 균류를 바탕으로 개발되었다. 균류는 유출된 기름을 분해하는 데에도 쓰인다. 버섯도 균류의 일종이다.

식물과 균류만이 아니에요.
진화는 동물도 변화시켰어요.

개들은 1만 5000년 이상 우리 곁을 지켜 왔어요.
진화론적 시간으로 보면 길지는 않지요.

하지만 오늘날 개들은 아주 작은 치와와부터 못생겼지만 사랑스러운 불도그와 거대한 세인트버나드에 이르기까지 크기와 생김새가 놀라울 정도로 다양해요.

작은 개

털이 곱슬곱슬한 개

큰 개

털이 곧은 개

점박이 개

보통 개

현대의 동물 중에서 이렇게 종류가 다양한 동물은
개뿐이에요.

그건 사람들이 의도적으로 특정한 특징을 가진 개를 골랐기 때문이지요.
털 색깔이 특이하거나 무늬가 있는 개를 고르기도 하고요.
그런 뒤에 같은 특징이나 생김새를 지닌 다른 개들과 짝을 지었어요.

늑대는 약 150만 년 전에 진화했고, 모든 개는 한 종의 늑대에서 갈라져 나온 후손이에요. 지금은 늑대와 개는 완전히 다른 종이지요. 하지만 개를 늑대와 매우 다르게 만든 것은 단지 자연적인 진화 때문만이 아니라 사람들과도 관련이 있어요.

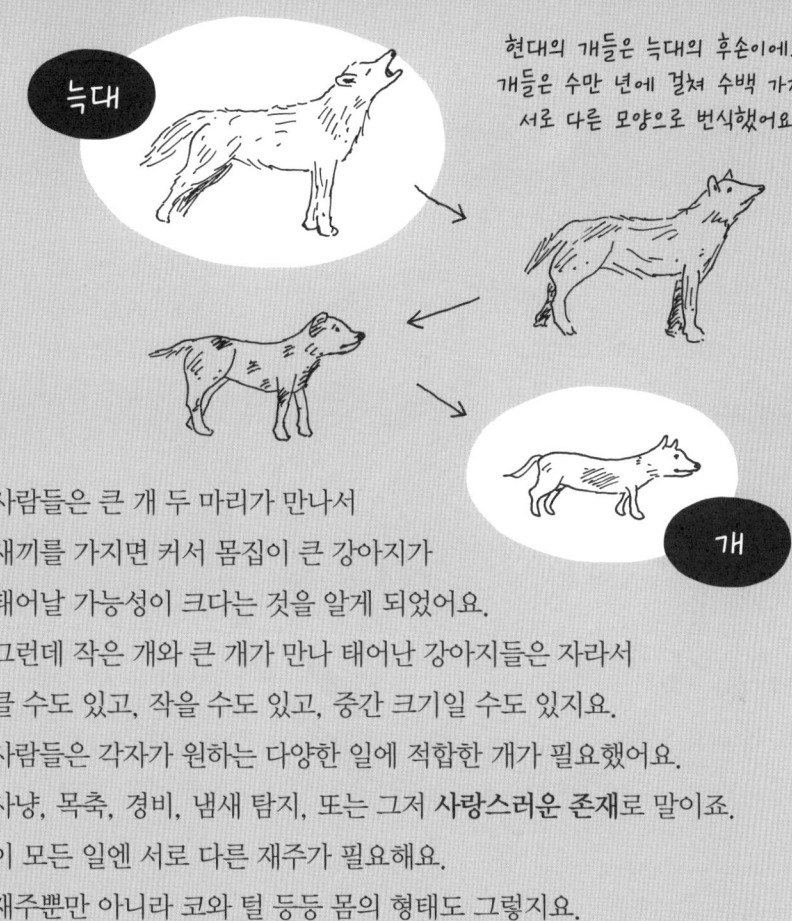

현대의 개들은 늑대의 후손이에요. 개들은 수만 년에 걸쳐 수백 가지의 서로 다른 모양으로 번식했어요.

사람들은 큰 개 두 마리가 만나서 새끼를 가지면 커서 몸집이 큰 강아지가 태어날 가능성이 크다는 것을 알게 되었어요. 그런데 작은 개와 큰 개가 만나 태어난 강아지들은 자라서 클 수도 있고, 작을 수도 있고, 중간 크기일 수도 있지요. 사람들은 각자가 원하는 다양한 일에 적합한 개가 필요했어요. 사냥, 목축, 경비, 냄새 탐지, 또는 그저 **사랑스러운 존재**로 말이죠. 이 모든 일엔 서로 다른 재주가 필요해요. 재주뿐만 아니라 코와 털 등등 몸의 형태도 그렇지요.

> **만물 지식 상자**
>
> **유전자**는 우리의 생김새를 결정한다. 심지어 우리가 하는 행동과 생기는 질병, 그리고 수명까지도 결정할 수 있다. 유전자는 사람마다 다르지만, 같은 종끼리는 유전자도 비슷하다. 예를 들어, 모든 개는 사람보다 냄새와 연관된 유전자가 더 많다. 나와 더 가까운 관계에 있는 사람일수록 유전자도 더 비슷해질 것이다.

진화를 이해하려면 유전자를 이해해야만 해요.
그리고 유전자를 이해하려면 **세포**에 대해 알아야 하지요.

거대하고
아마도 **무한할** 우주를 기억하나요?

이제 작은 것을 생각해 봐요. **정말** 작은 것을요.
세포는 원자만큼 작지는 않지만, 모래알보다도 작아요.
완보동물보다도 작고요. 아주 작은 완보동물도 아주 작은
세포들이 서로 합쳐져서 만들어진 동물이니까요.

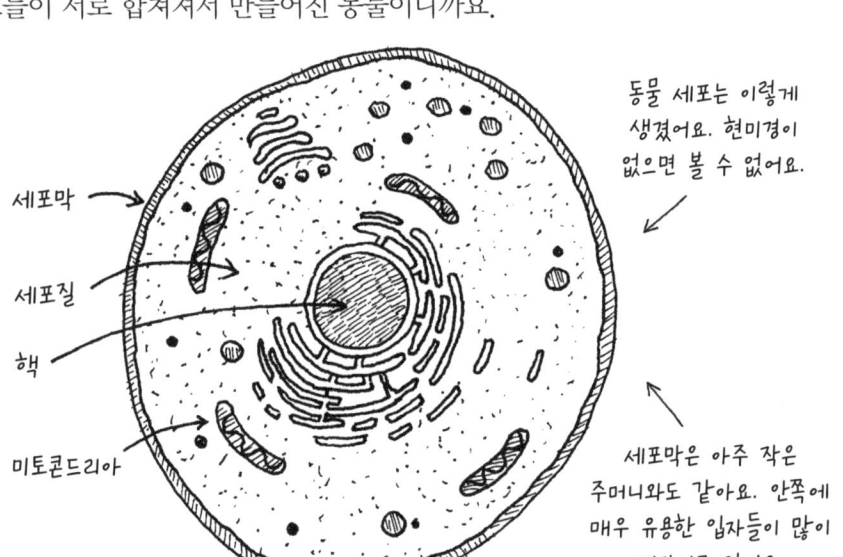

동물 세포는 이렇게 생겼어요. 현미경이 없으면 볼 수 없어요.

난 완보동물치고는 큰 편이지!

세포막
세포질
핵
미토콘드리아

세포막은 아주 작은 주머니와도 같아요. 안쪽에 매우 유용한 입자들이 많이 떠다니고 있어요.

동물 세포

세포는 음식에서 영양분을 섭취해 그것을 에너지로 바꿔요.
우리 몸속의 세포들은 종류에 따라 하는 일도 달라요.

세포는 우리가 성장하고 치유될 수 있도록 스스로를 복제해요.
세포가 분열하면, 새로운 세포는 **대개** 기존 세포의
완벽한 복제품이에요.

자기 복제를 하는 세포들

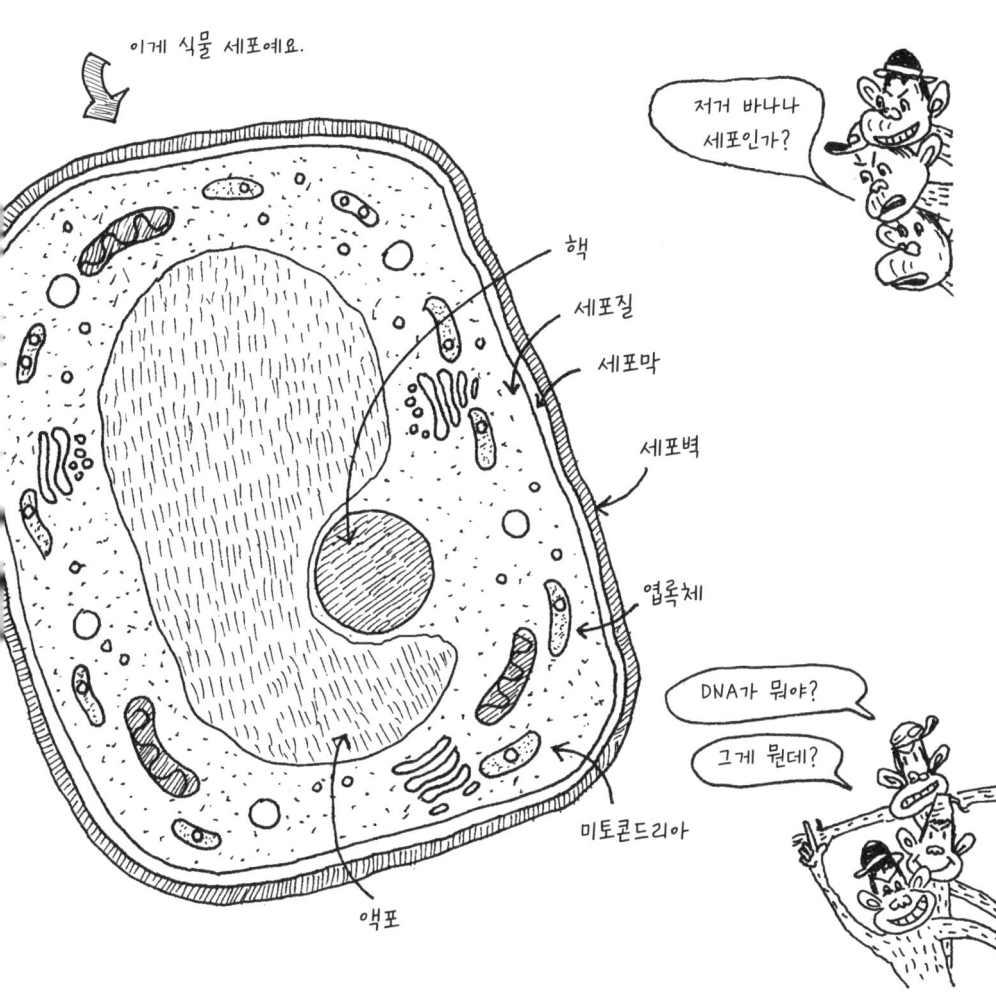

복제된 세포는 동일해야 하지만, 세포가 분열되고 복제될 때마다 **변이**가 일어날 가능성이 있어요.

세포핵 속 DNA의 일부는 변화하거나, 삽입되거나, 삭제되거나, 이리저리 움직일 수 있어요. 진화가 일어날 수 있는 때가 바로 그때이지요.

우리는 모두 돌연변이랍니다!

DNA는 개를 고양이와 다르게 만들어 주어요.
부치를 피피나 스팟과는 다르게 만드는 거예요.

피피와 스팟

*옴: 옴진드기가 기생해 일으키는 포유동물의 전염 피부병.

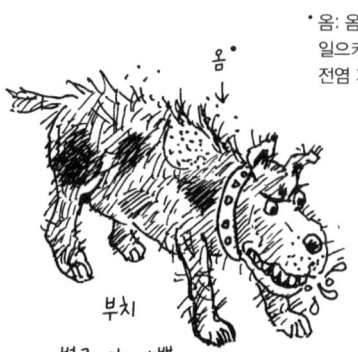

부치

별로 안 예쁨.

DNA는 데옥시리보 핵산의 약자예요.

DNA는 서로 꼬이고 비틀어진 사다리 모양을 하고 있어요. 꼬여 있어서 아주 가닥이 아주 작은 세포 속으로 들어갈 수 있지요.

DNA는 모든 생물의 모든 세포 속에서 발견되는 화학 물질로, 세포의 다른 모든 입자를 만들기 위한 명령을 저장해요. 우리의 DNA는 **우리**를 만들기 위한 모든 명령을 저장하는 셈이지요.

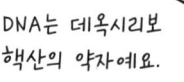

DNA

유전자는 DNA로 이루어져 있어요.
그리고 유전자들이 모여 **염색체**라고
하는 것들을 구성해요.

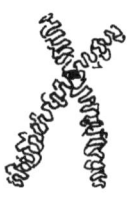

인간의 염색체

염색체는 유전자로 구성돼요.
동물과 식물의 유전자는 세포핵
속에 있어요.

인간의 유전자

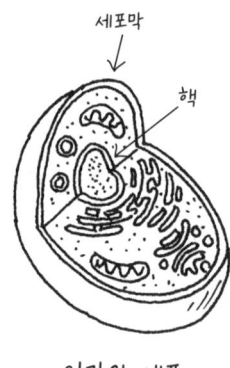

세포막

핵

인간의 세포

DNA 속에서 일어나는 변화는 모두 **돌연변이**라고 불러요.
하지만 돌연변이 중 일부만이 부모에게서 자손에게로 유전돼요.

복제 군단을 만드는 방법

박테리아에도 염색체가 있어요.
박테리아는 하나의 세포를 분열시켜 증식해요.
하고, 하고, 또 하고….
좋은 소식은 **우리 몸을 구성하는 세포들도** 자기
복제를 한다는 거예요. 나쁜 소식은 그렇다고
박테리아처럼 **우리의 온몸을** 복제해서 복제
군단으로 세계를 장악할 수 있다는 뜻은 아니라는 거죠.

대부분의 동물은 몸 전체를 분열시켜 증식하지 않아요. 이를테면, 인간은
보통 세포마다 23쌍의 염색체를 가지고 있어요. 염색체가 쌍을 이루고 있는
이유는 엄마와 아빠에게서 받은 유전자가 섞여 있기 때문이에요.

일란성 쌍둥이는 DNA**가 일치할지는** 몰라도, 엄마나 아빠의
복제 인간은 **아니에요.**

과학자들은 그동안 동물을 **복제해 왔어요.**
첫 번째 복제 동물은 양이었어요.
이름은 돌리였지요.
과학자들은 태즈메이니아호랑이*나
공룡과 같은 멸종된 동물들을 복제하려고
노력하고 있어요. 그럼 멋질 테니까요.

* 태즈메이니아호랑이: 늑대처럼 생긴 몸에 등에 난 줄무늬 때문에 호랑이라는 이름을 붙였지만, 육아낭에 새끼를 키우는 유대류이다. 태즈메이니아늑대라고도 부른다.

우리는 아직 쥐라기 공원에는 갈 수 없지만,
이미 공룡과 가까운 친척을 만난 적은 있어요. 새들이요! 네, 갈매기들이 바로

하늘을 나는 아주 작은 티라노사우루스예요!

포유류 중에도 활공이 가능한 동물이 있긴 하지만, 하늘을 나는 건 박쥐뿐이에요. 박쥐는 다른 포유동물들처럼 '손가락'이 5개이고, 양 날개를 팔처럼 따로 사용할 수 있어요.

하지만 새는 파충류와 공통점이 더 많아요.
알을 낳고, 발에 비늘이 있으니까요.

공룡들과는 공통점이 **훨씬 더** 많아요.
많은 공룡은 새처럼 뼈 속이 비었고,
발가락이 3개예요.

공룡은 깃털도 있었어요. 날지는 못했지만요.

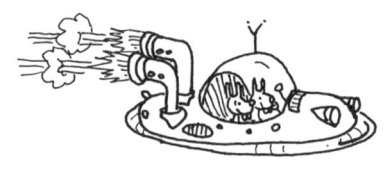

익룡은 하늘을 **날 수 있었어요**.
그렇지만 악어와 같은 파충류였지요.
익룡은 공룡이 아니었어요.
스스로 날 수 있게 진화한 거예요.

우리는 지금도 새들이
로켓 추진 비행을 개발하기를
기다리고 있답니다.
↓

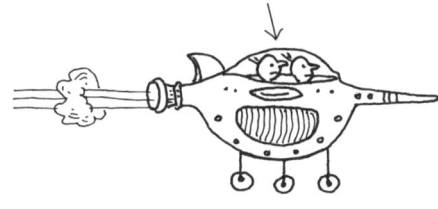

그런데 비행 능력을 후대로 물려주지
못하고 멸종했지요.

동물의 비행은 한순간에 갑자기 진화한 게 아니에요.
박쥐와 곤충, 새 들은 모두 다른 시기에 다르게 날기 위해 진화했어요.
하늘을 날 수 있으면 포식자에게서 도망칠 수 있고, 다른 누구보다
먹이를 잘 잡을 수 있으니, 아주 유용한 기술이지요.

시조새는 새와 닮은 최초의 공룡이었어요.
시조새에게는 턱과 이빨, 그리고 발톱이 있었지요.
그러니 바닷가에 시조새가 보이면 감자튀김 먹을
생각은 아예 말아야겠죠.

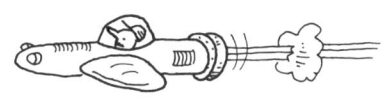

진화는 발명가가 아니에요.
사람들은 큰 사냥개를 키우고 싶으면
의도적으로 가장 크고 가장 힘이 센 개를 골랐어요.

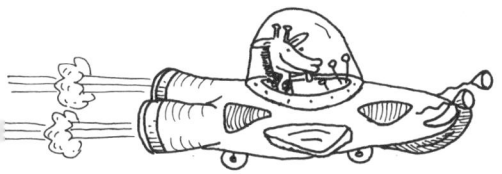

그런데 자연에는 **계획이 없어요.**
시조새는 갈매기로 진화하겠다고 **결정하지** 않았어요.
자연 선택*을 통해 이루어졌을 뿐이지요.

시조새

* 자연 선택: 자연계에서 그 생활 조건에 적응하는 생물은 생존하고,
그러지 못한 생물은 저절로 사라지는 일. 찰스 다윈이 도입한 개념이다.

야생에서는 우리의 생존을(또는 최소한 죽임을 당하지 않게) 돕는 돌연변이나 행동들이 우리 자녀들에게로 유전될 가능성이 커요. 우리 자녀들은 다시 그 돌연변이를 그 자손들에게 물려주겠지요. 하지만 하나의 특성이 더 이상 유용하지 않더라도 우리는 계속 그것을 굳게 지켜요.

어떤 공룡들은 알을 묻거나 덮었어요. 악어와 같은 일부 파충류는 지금도 그렇게 하지요. 하지만 **어떤** 공룡들은 땅 위에 둥지를 틀고 알을 품었어요. 이 공룡들은 현대의 새로 진화했어요.

극한 기후가 닥쳤을 때, 체온을 항상 일정하게 유지한다는 것은 곧 새끼 새들이 죽지 않는다는 뜻이었어요. 그 새끼 새들은 자라서 알을 낳게 되었고요….

 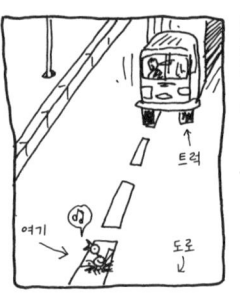 

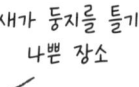

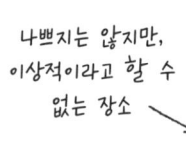  

수백만 년이 흐르면서 둥지는 더욱 복잡해졌어요.

새는 둥지를 짓는 법을 따로 배울 필요가 없어요. **재능을 타고나니까요.** 그것을 **선천적 행동**이라고 해요.

만약 우리 종족이 환경에 적합하지 않다면,
우리는 환경에 맞게 적응하거나, 환경을 바꾸거나, 아니면…

멸종될 거예요!

우리는 변화하는 행성에 살고 있어요.
다른 동물들과 식물들은 우리 주위에서 진화하는 중이에요.
지금까지 유용했던 무언가가 금방 쓸모없어질 수도 있어요.

퍼그는 **사랑스럽죠**. 사랑스러움은 반려동물일 때는 꽤 유용해요.
하지만 퍼그를 풀어놓고 저녁거리를 어떻게 사냥하는지 본다면….
그게 바로 **적자생존**˙이에요.

포식자는 먹잇감을 사냥하고 먹어요.

왈!
으르렁!
왈!
왈!
왈!
왈!

얼떨떨한 먹잇감

이 퍼그는 **청소동물**˙로 살면서 포식자들이 먹다 남긴 먹이를 먹고 살아야 할지도 몰라요.

늑대

어휴, 쟤가 내 후손이라니.

˙ 적자생존: 환경에 적응하는 생물만이 살아남고, 그렇지 못한 것은 도태되어 멸망하는 현상. 영국의 철학자 허버트 스펜서가 제창했다.
˙ 청소동물: 독수리, 하이에나, 개미처럼 죽은 동물을 먹고 사는 동물.

> ### 만물 지식 상자
>
> 지구 생명체의 역사에서 **대멸종**은 다섯 번 일어났다. 그 말은 그때마다 모든 생물 종의 75%에서 90%가 한 번에 사라졌다는 뜻이다. 대멸종은 오르도비스기, 데본기, 페름기, 트라이아스기와 백악기 말기에 일어났다. 대멸종 이후에는 다른 종류의 생명체들이 진화해 그 틈을 메웠다.

약 6500만 년 전에 공룡이 멸종했다는 말은 들어 봤을 거예요.
아주 갑작스러운 사건이었지요. 거대한 운석이 지구에 부딪쳤거나,
많은 화산이 폭발했을지도 몰라요. 아니면 둘 다이거나요.

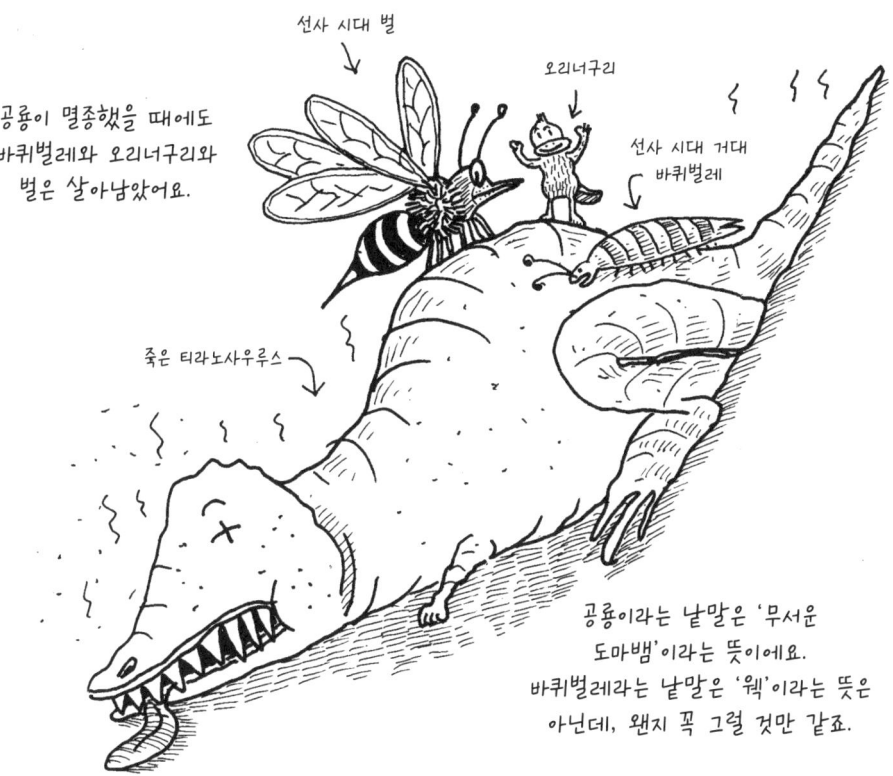

늘 그렇듯이, 진짜 문제의 주범은 기후 변화였어요. 지구 생명체의
4분의 1만이 **죽지 않고 살아남았지요**. 살아남은 생물들은
대부분 작은 새, 파충류, 포유류, 어류, 곤충과
양서류였어요.

그들은 제3기*에 전 세계에서 번성했답니다.

* 제3기: 약 6500만 년 전부터 170만 년 전까지 신생대의
대부분을 차지하는 시대.

다시 그들을 데려와!

아노말로카리스는 캄브리아기 바다에서 가장 무서운 포식자였어요. 마치 갑옷을 입은 거대한 새우 같았지요.

플라티벨로돈은 고대 코끼리예요. 입이 아주 크고, 아래턱에 삽 모양의 엄니 2개가 있었어요.

힘센 웜뱃*을 조심하세요! 디프로토돈은 오스트레일리아에서 오랫동안 살다가 약 1만 2000년 전에 멸종된 동물이에요. 코뿔소 크기의 유대류*였지요.

인간이 아메리카 대륙에 도착하기 전에는 거대 동물들이 그 땅을 돌아다녔어요. 들소를 쓰러뜨릴 수 있었던 거대한 검치호들처럼요. 아주아주 거대한 털북숭이 매머드도 있었지요.

도도

도도는 키가 약 1m에, 작고 쓸모없는 날개가 달린 새예요. 머리털이 없고, 엉덩이 쪽에 작고 화려한 깃털들이 달려 있었어요. 1598년쯤에 발견되었지요. 발견된 지 60년 만에 인간의 사냥감이 되어 멸종되고 말았어요.

* 웜뱃: 작은 곰같이 생긴 오스트레일리아 동물. 캥거루처럼 새끼를 육아낭에 넣어서 기른다.
* 유대류: 캥거루나 코알라처럼 육아낭에 새끼를 넣고 다니는 동물.

공룡의 멸종은 **최악의** 멸종 사건은 아니었어요.
지구 최악의 멸종은 페름기 말에 일어났어요.
그것을 '대멸종'이라고 불러요.

상어는 살아남았지만, 전체 생물의 약 96%가 멸종되었어요.

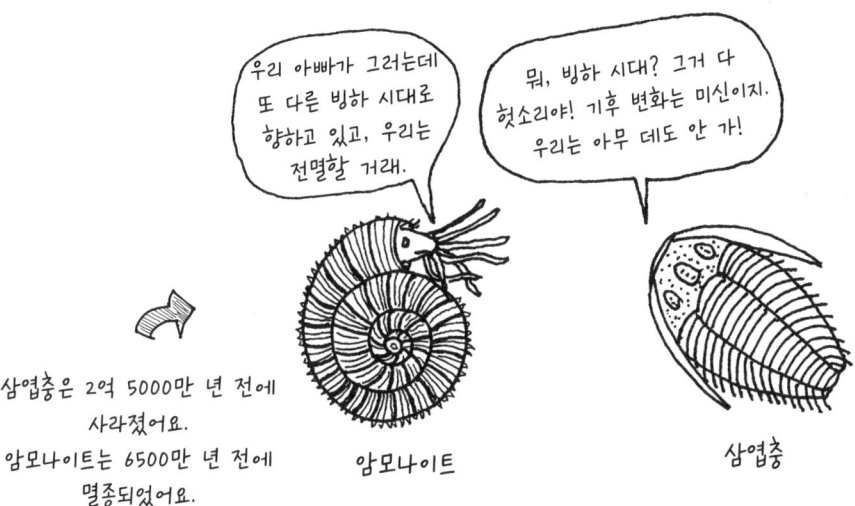

삼엽충은 2억 5000만 년 전에
사라졌어요.
암모나이트는 6500만 년 전에
멸종되었어요.

암모나이트   삼엽충

인간이 도시에 살고 석탄과 석유 같은 연료를 태우기 시작한 이래로,
어마어마한 수의 동물들이 멸종되었어요.
멸종 위기에 처한 동물들은 그보다 훨씬 더 많고요.
지금 과학자들은 **여섯 번째** 대멸종을 경고하고 있어요.
이번 멸종이 일어난다면 과연 누구의 책임일까요…?

만물 지식 상자

고대 오리너구리는 공룡이 살던 시절부터 살았을 것이다. 이 작은 포유동물들은 매우 특이하다. 파충류처럼 알을 낳고, 젖꼭지가 없어서 배에 있는 작은 홈으로 스며 나오는 젖을 먹여 새끼를 키우며, 이빨은 없지만 오리처럼 생긴 부리로 전류를 감지해 먹잇감을 찾는다. 거미나 뱀처럼 독이 있고, 수컷은 뒷다리에 독침이 있다. 포유류 가계도에서 가장 초기에 갈라져 나온 가지 중 하나이다.

공룡들은 대단했어요!

그런데 아직도 공룡이 산다면, 아마 우리는 존재하지 못했을 거예요. 포유류는 공룡이 멸종된 뒤 점차 증가했고, 우리는 영장류라고 불리는 포유류의 한 종이에요.

영장류 가계도

영장류 가계도에는 멸종된 일족이 매우 많고, 과학자들은 지금도 새로운 일족의 증거를 찾고 있어요. 우리는 영장류 중 호모 사피엔스에 속해요. 호모 사피엔스는 적어도 16만 년 전에 진화했고, 한동안 네안데르탈인과 호모 에렉투스와 함께 살았어요.

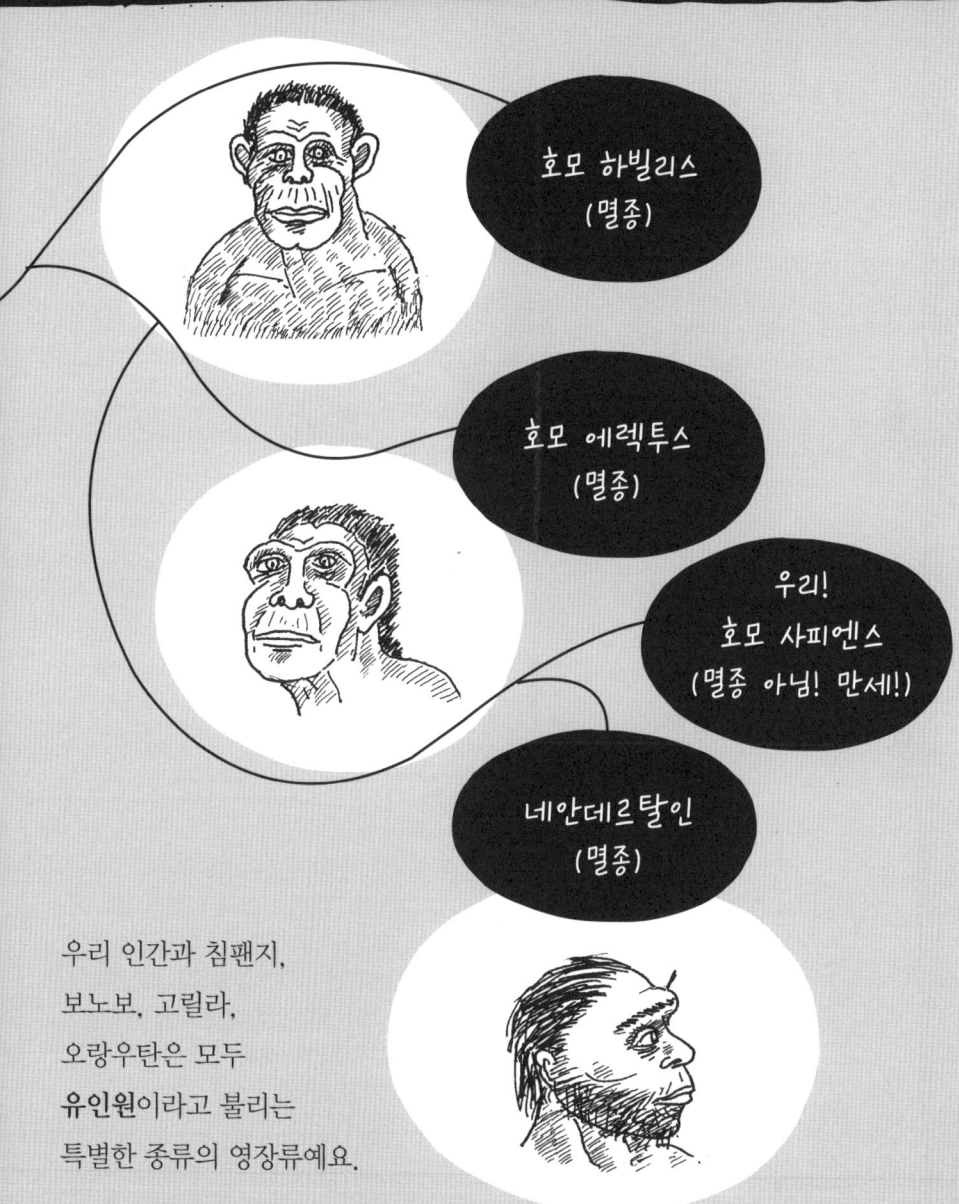

우리 인간과 침팬지, 보노보, 고릴라, 오랑우탄은 모두 **유인원**이라고 불리는 특별한 종류의 영장류예요.

따라서 영장류 가계도에서 우리와 가장 가까운 **살아 있는** 친척은 **침팬지**와 **보노보**예요. DNA의 99%를 공유하지요.

유인원은 꼬리가 없고, 손톱(발톱 말고)이 평평하며, 쓸모 많은 팔이 있어요. 우리에게는 마주 보는 엄지손가락이 있어요.
엄지손가락이 나머지 손가락들과 협동해서 물건을 움켜잡을 수가 있지요. 오스트랄로피테쿠스는 마주 보는 엄지뿐만 아니라 마주 보는 발가락도 있었어요.

호모 사피엔스는 마주 보는 발가락이 없어요. 오스트랄로피테쿠스 이후로는 주로 두 다리로 걸었기 때문이에요. 오늘날의 우리 발과 점점 더 닮아 가기 시작했지요. 우리는 그 발로 **전 세계**를 돌아다녔어요.

만물 지식 상자

침팬지와 인간의 공통 조상은 약 700만 년 전에 살았다. 오늘날 침팬지들은 원한다면 두 다리로 걸을 수 있고, 나무와 돌로 된 도구를 사용할 수도 있다. 소리를 이용해 의사소통을 하며 간단한 언어도 배울 수 있다. 공동체를 이루어 살고, 잡식성 동물에, 5세 정도까지는 새끼들을 돌봐야 한다. 거래와 논리를 이해하고 퍼즐 맞추기를 즐긴다. 서로 협력하며, 슬픔과 질투 같은 감정도 느낀다. 왠지 남의 얘기 같지 않은데?

우리 몸은 계속 진화해서 호모 사피엔스가 되었어요.
치아와 턱의 모양이 변하고 털이 덜 자라났어요.
땀샘이 발달했고, 시각이 후각보다 예리해졌어요.
그건 아직 탈취제를 발명하지 못했기 때문이
아니었을까요…?

우리는 진화를 통해 더 큰 뇌를 갖게 되었어요.
우리가 복잡한 언어를 개발하게 된 것도
그 때문이었을지도 몰라요.

언어는 우리를 다른 동물들과 **다르게** 만드는
여러 가지 특징 중 하나예요.

다른 동물들은 서로 의사소통을
할 수 있어요. 때로는 우리와도
의사소통을 하지요.

하지만 호모 사피엔스의 언어엔 문법이 있어요. 글도 쓰지요.
우리에겐 감정과 복잡하고 추상적인 생각을 전달하는 단어들이 있어요.

우리는 점점 더 많이 소통하고, 함께 일하며 계획을 세우고, 훌륭한
발명가가 되었어요.

결국 우리는 다른 모든 인간 종을 대체했어요.
그렇다고 너무 우쭐대진 마세요, 왕머리 씨!
네안데르탈인은 우리보다 뇌가 더 컸으니까요.
그런데도 멸종하고 말았답니다.

3 ½

우리 주변의 생명

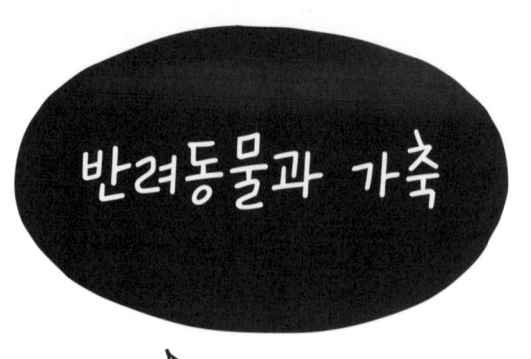

반려동물과 가축

우리를 다른 유인원과 구분되게 만드는 것들 중 하나는 집과 농장에서 동물들을 키운다는 거예요. 그것을 **길들이기**라고 해요.

용은 하나의 알에서 생명이 시작돼요.

아마도 늑대들은 인간이 먹다 남긴 맛있는 음식을 먹으려고 주변을 어슬렁거렸을 거예요. 가까이 왔지만 인간을 공격하지 않은 늑대들은 개의 조상이 되었지요.

고양이는 우리가 작물을 키우기 시작하면서부터 쭉 우리와 함께 살고 있어요. 쥐들은 인간이 저장해 놓은 곡식을 훔쳤고, 고양이들이 나타나 이 맛 좋은 유해 동물들을 잡아먹었어요. 쥐만 빼고 모두에게 좋은 일이었지요.

거미도 우리가 먹는 음식을 훔치는 해충들을 잡아먹어요. 하지만 우리는 고양이만큼 거미를 좋아하진 않아요. 거미는 공룡보다 먼저 진화했어요. 우리가 집을 짓기 시작하면서부터 우리 곁에서 함께한 동물이기도 하지요. 어쩌면 **거미**가 우리를 길들였을지도 몰라요.

꼬리가 2개 달린 트란실바니아의
전설적인 웃는 용

불을 뿜는 재주를 이용하고, 가죽과 맛있는 알을 얻기 위해 사육함.
둘로 갈라진 꼬리를 잘 끓이면 고기파이의 속을 채우는 데 유용하게 쓰임.
아파트용 반려동물로는 성공하지 못함.*

야생 금붕어는 본래 금색이 아니었어요.
처음엔 점심거리로 잡았지요.

중국 사람들이 희귀한 빨간색, 주황색, 노란색
금붕어들을 키우기 시작했어요.

야생 금붕어는 포식자들의 손쉬운
먹잇감이었어요. 특이하고 다채로운 모습의 관상용 동물로
1000년 동안 길러졌지요.

만물 지식 상자

*용은 영국, 그리스, 일본, 중국에 이르는 많은 나라의 신화에 존재하는 가상의 동물이다. 산속 동굴에 살면서 주로 잠을 자다가 이따금 날아다니면서 불을 내뿜어 사람들과 도시를 불태운다. 아파트에서 한 마리 키울 생각이 있는 분?

말은 사람들이 그림으로 그린 최초의 것들 가운데 하나였어요.
처음에는 식량으로 삼은 중요한 동물이었어요. 이후 유럽과 아시아 사이의
초원 지역 사람들이 말을 길들이고 타는 법을 익혔어요.

야생마는 오늘날의 말보다 훨씬
작았어요. 지금은 대부분
멸종되고 없어요.
오직 한 종만 살아남아
동물원에 있지요.

야생마에게 안장을
얹고 사람을 태우도록
훈련하기란 쉽지 않아요.
부엉이는 훨씬 더
까다롭겠죠.

부엉이

길들여서 키우는 곤충은 많지 않아요.
하지만 중국의 누에는 우리를 위해 7500년 동안
비단실을 만들어 왔어요.

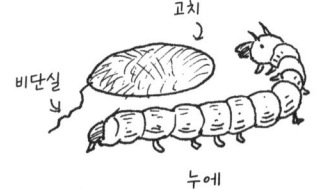

고치

비단실

누에

벌도 키워요. 벌은 공룡이 나타나기 전부터
윙윙 날아다녔어요. 그러니 포유류가 자신들의
꿀을 훔치기 시작하자 화가 났을 거예요.

9000년 전에 북아프리카에서 처음으로 벌을
키우기 시작했어요. 벌은 꿀만 중요한 게
아니에요. 벌들은 우리가 씨앗과 곡물,
과일과 채소를 기를 수 있도록 식물의
수분에 중요한 역할을 해요.
하지만 교통수단으로는 효과가 없었답니다.

벌

약 1만 년 전에 사람들은 고기와 젖, 그리고 가죽을 얻기 위해
염소와 양을 기르기 시작했어요. 이후에는 털을 이용해
털실이나 모직물을 만들었어요.

동남아시아에서는 닭을 키웠어요. 그런데 닭의 생김새가
지금과는 달랐어요. 오늘날의 닭은 그때보다 몇 배 **더 커요**.
게다가 1년에 2개가 아닌, **수백 개**의 알을 낳지요.

영어로 수컷 당나귀는 잭, 암컷 당나귀는 제니라고 불려요. 사실이랍니다!

당나귀

오로크스는 소의 조상이었어요.
우리는 소고기를 먹고, 소가죽을 입고, 소젖을 마셔요. 1만 년 전에
사람들이 오로크스를 길들여 덜 무서운 동물로 키운 덕분이지요.

오로크스는 우리보다 키가 컸고, 크고 구부러진 뿔이 달렸었어요.
사냥꾼들을 뿔로 들이받아서 죽이는 일이 많았지요.

유럽, 아시아, 아프리카에서 오로크스는 야생 소로 살았어요.
현재 지구상에는 약 15억 마리의 소가 있지만 오로크스는
한 마리도 없어요.

> ### 만물 지식 상자
>
> 산소를 호흡하고, 다른 식물이나 동물을 먹고, 움직이고 번식할 수 있는 생물을 **동물**이라고 한다. **종**(種)은 '특정한 특성을 공유하는 집단'을 뜻하는 말이다. 우리는 동물과 식물, 균류를 종으로 분류한다. 지금까지 약 130만 종의 동물 종이 발견되었다(그중에 100만 종은 곤충이다). 앞으로 더 많은 종이 발견될 것이다. 1000만 종에 이를 수도 있다!

최초의 채소밭

동물을 길들일 무렵과 거의 비슷한 시기에
사람들은 식물을 찾으러 나가기보다는 직접 길러 보겠다고 마음먹었어요.

그런데 사람들은 몇 가지를 꼭 바꾸고 싶었어요.
본래 바나나는 지금과는 모양이 달라서 껍질을 벗길 수가 없었어요.
사람들이 기르기 전에는 이렇게 생겼었어요.

약 300년 전만 해도 수박은
이렇게 생겼었어요.
맛있는 빨간색 부분이 거의
없었지요.

이제는 **다** 맛있는 부분이에요.

114

어떤 식물들은 식용으로 키우거나 무언가를 만들기 위해 재배되었어요. 예뻐 보여서 키우기도 하고, 약용 또는 환각용(예를 들면 아편에 쓰이는 양귀비나 술을 만드는 보리)으로 키우는 식물도 있었고요. 농사는 사람들이 한곳에 정착해 마을과 도시를 건설해야 할 또 하나의 이유가 된 셈이지요.

스스로를 복제할 수 있는 식물도 있어요. 뿌리, 잎, 줄기의 한 부분에서 싹이 트거나, 아니면 풀처럼 땅 위로 뻗어 나가면서 뿌리를 내리는 줄기가 자라나 번식을 하기도 해요.

바나나는 땅속에 있는 줄기인 **근경**에서 자라나요. 바나나 씨앗은 진짜 씨앗이 아니에요. 진짜 씨앗을 가진 식물은 아래와 같은 과정을 거쳐 자라요.

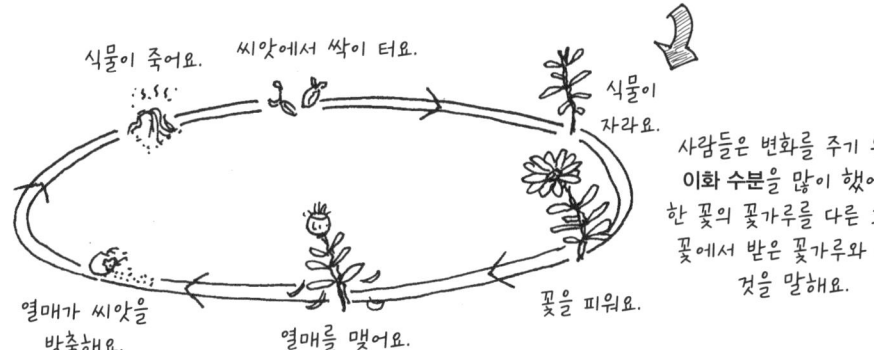

이제 과학자들은 질병이나 해충에 대한 내성을 높이고, 더 많은 열매를 맺게 하고, 맛을 다르게 하거나, 건강에 더 좋게 만들기 위해 식물의 DNA를 바꿀 수 있어요. **유전자 변형** 식물은 인간이 만든 돌연변이예요.

> **만물 지식 상자**
>
> 한곳에서 자라고, 뿌리를 통해 물과 양분을 섭취하는 생물을 **식물**이라고 한다. 식물은 잎 속의 **엽록소**라고 불리는 화학 물질을 이용해 광합성을 하며, 식물의 세포벽은 **섬유소**로 이루어져 있다.

박테리아

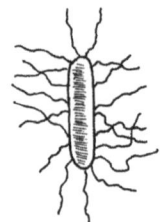

박테리아 복제 군단을 기억하나요?
박테리아는 증식을 할 때 몸 전체를 분열해 복제를 해요.

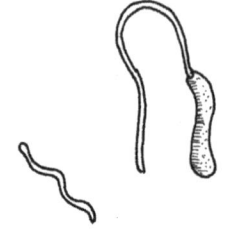

박테리아는 보통 하나의 세포로 이루어져서 자손을 가질
필요가 없고, 꽃가루를 옮기거나, 줄기를 땅 위로 뻗어
뿌리를 내리거나, 포자를 날려 보낼 필요가 없어요.
박테리아가 아주 빠르게 퍼지는 게 바로 그 때문이죠.

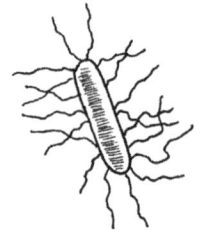

박테리아는 **어디에나 있어요!** 어떤 박테리아는 해로워서
우리 몸을 매우 아프게 만들 수 있어요.
하지만 모든 박테리아가 혐오스러운 것은 아니에요.

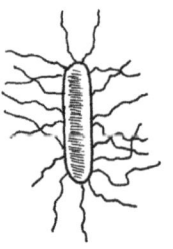

바다에는 빛을 내는 박테리아가 있는데,
이를 **생물 발광**이라고 해요.
그들은 밤에 바닷물과 파도를 더없이
아름다운 파란색으로 빛나게 하지요.

만물 지식 상자

박테리아는 종류가 매우 다양하다. 우리 배 속에는 1000종이 넘는 박테리아가 살고 있다. 박테리아는 살아 있지만, 동물도 균류도 식물도 아니다. 동물 세포들과 똑같은 화학 물질을 만드는 박테리아도 있고, 식물처럼 광합성을 할 수 있는 박테리아도 있다. 스트로마톨라이트는 모이면 바위처럼 보이지만, 박테리아는 결합해서 몸을 만드는 일이 없으며, 세포 속에 핵이 없다. 박테리아는 고리 염색체만 1, 2개 가지고 있을 뿐이다.

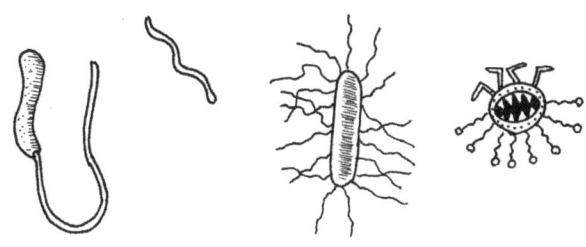

대부분의 박테리아는 동물들에게 도움이 돼요.
특히 우리 인간에게요.

박테리아는 우리 몸이 제대로 작동할 수 있도록
도와주어요. 식물의 성장도 도와주고요.

치즈, 피클, 요구르트 같은 맛있는 음식을
만들 수 있게 도와주기도 해요.

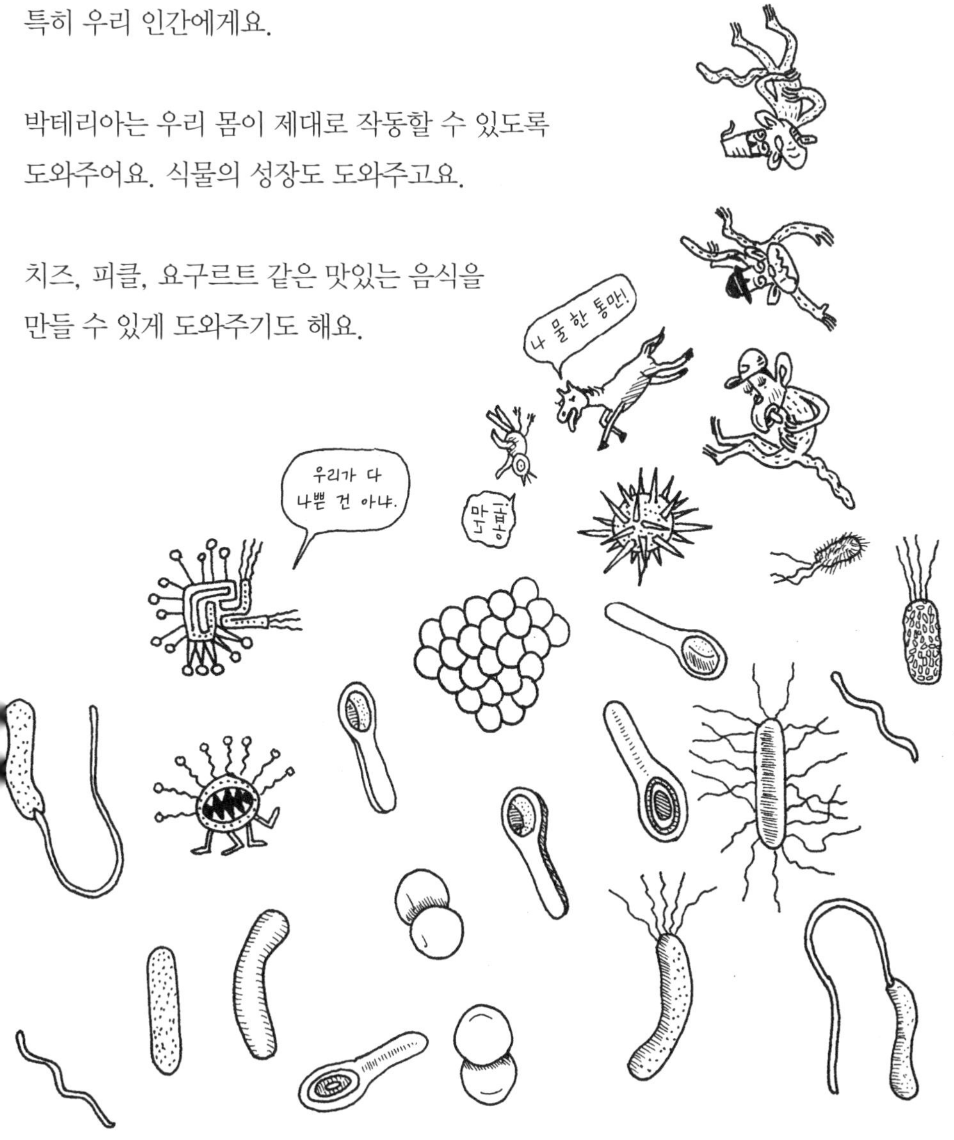

해면동물과 자포동물을 만나 볼까요?

해면동물은 바다와 민물에서 살아요. 해면동물의 몸은 매우 단순하고, 물을 걸러 주는 작은 구멍이 많아요. 이 구멍들을 통해 영양분을 공급하고 산소를 들이마시지요. **뿌리**가 있어서 돌아다니지는 못해요.

해면동물은 처음 진화한 이후로 많이 변하지 않았어요. 혈액이나 소화 기관, 신경이 없는 동물이에요.

만물 지식 상자

무척추동물은 등뼈가 없는 동물이다. 척추동물보다 일찍 진화했고, 따라서 무척추동물 중에는 정교한 신체 기관과 기관계(예를 들면 신경계, 순환계, 소화계)가 없는 동물들도 있다. 무척추동물 중에 **외골격**에 싸여 있는 동물도 있는데, 외골격이란 몸 겉면을 단단하게 둘러싸고 있는 뼈대를 일컫는다. 해면동물, 자포동물, 연체동물, 벌레, 극피동물, 절지동물은 모두 무척추동물이다.

해파리, 화려한 산호, 말미잘은
자포동물이라고 불러요.

해파리는 바다를 떠다니는 부드러운
무척추동물이에요. 몸이 투명한
해파리도 있어요. 화학 반응을 일으켜
아름다운 색으로 빛나는 해파리도 있고요.
하지만 **조심하세요.**
해파리는 촉수 끝에 무서운 독침이 달려 있거든요.

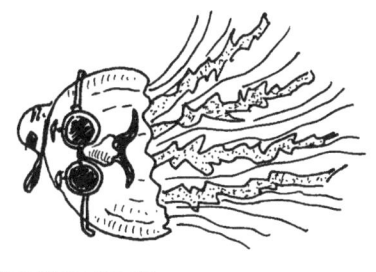

해파리의 종 모양 몸 아래쪽은 일종의
위장이에요. 그곳에는 입도 있는데,
항문의 기능도 함께 해요.

말미잘은 아름다워요. '바다의 꽃'이라고
불리죠. 그래도 **명백한** 동물이에요.

말미잘은 게와 물고기를 잡아먹어요.
너비가 1m에 이르는 말미잘도 있어요.

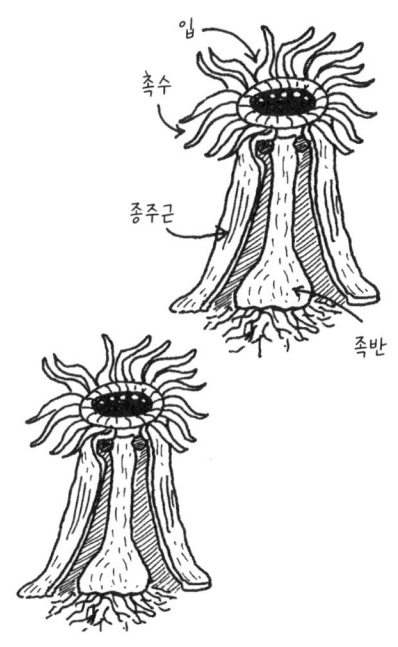

안녕, 연체동물들!

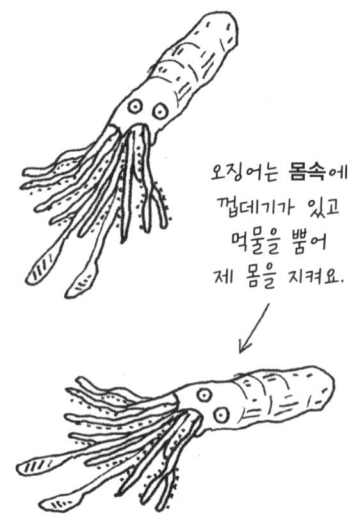

오징어는 **몸속**에 껍데기가 있고 먹물을 뿜어 제 몸을 지켜요.

육지에 사는 **연체동물**로는 달팽이와 민달팽이가 있어요. 조개, 홍합, 오징어, 문어는 바다에 사는 연체동물이에요. 연체동물은 몸이 부드러우며, 몸속이나 바깥에 **껍데기**가 있어요.

가장 단순한 연체동물은 근육이 발달한 **발**이 1개 있어요. 육지 달팽이와 민달팽이는 발을 보호하고, 잘 달라붙게 해 주고, 몸이 마르는 것을 막기 위해 **점액**을 만들어 내요.

모든 달팽이는 껍데기가 있어요. 껍데기는 몸의 한 부분이에요. 몸과 분리될 수 없지요.

육지 달팽이의 껍데기 속에는 허파와 같은 기관들이 있어요.

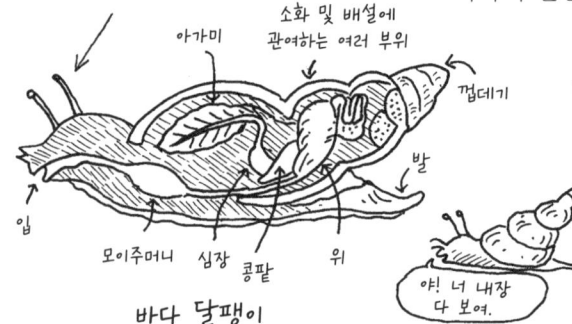

바다 민달팽이는 허파가 필요하지 않아서 **엉덩이** 주변에 있는 아가미로 숨을 쉬어요.

문어는 바다의 사나운 사냥꾼이에요.
혼자서 **굴속**에 살고, 자기들이 찾아낸 것들로 굴을 꾸며요.
껍데기가 있는 생물을 공격할 때는 껍데기에 구멍을 뚫고 독을 주입하거나,
붙잡고 찢은 뒤 침으로 마비를 시켜요.

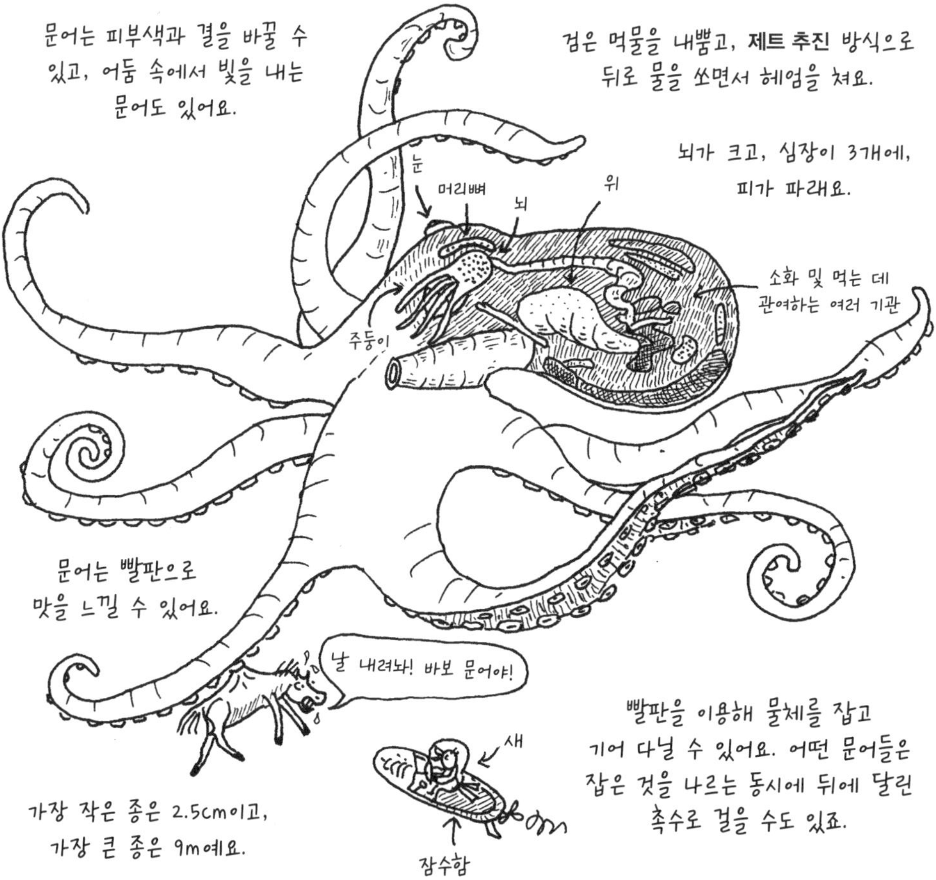

문어는 피부색과 결을 바꿀 수 있고, 어둠 속에서 빛을 내는 문어도 있어요.

검은 먹물을 내뿜고, **제트 추진** 방식으로 뒤로 물을 쏘면서 헤엄을 쳐요.

눈 / 머리뼈 / 뇌 / 위

뇌가 크고, 심장이 3개에, 피가 파래요.

소화 및 먹는 데 관여하는 여러 기관

주둥이

문어는 빨판으로 맛을 느낄 수 있어요.

날 내려놔! 바보 문어야!

새
잠수함

빨판을 이용해 물체를 잡고 기어 다닐 수 있어요. 어떤 문어들은 잡은 것을 나르는 동시에 뒤에 달린 촉수로 걸을 수도 있죠.

가장 작은 종은 2.5cm이고, 가장 큰 종은 9m예요.

전해 내려오는 전설들에 따르면
배만큼 큰 문어가 있다고 해요.
진짜로 그런 문어가 있었을 수도
있고, 아직도 발견되기를 기다리고
있을 수도 있지요.

반가워, 다리 없는 벌레와 극피동물들아

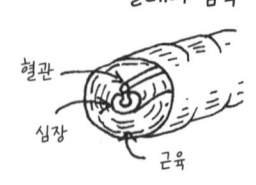

벌레의 몸속

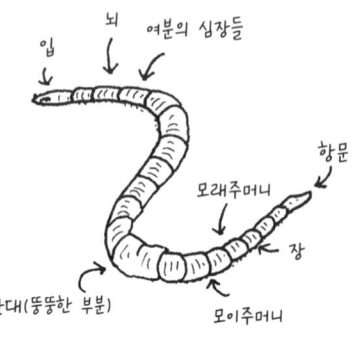

벌레는 몸이 부드럽고 관 모양이에요.
흔히 벌레는 다리가 없어요. 그래도 머리, 뇌,
혈액과 5개의 심장을 포함한 장기가 있답니다.
훌륭하다, 벌레들!

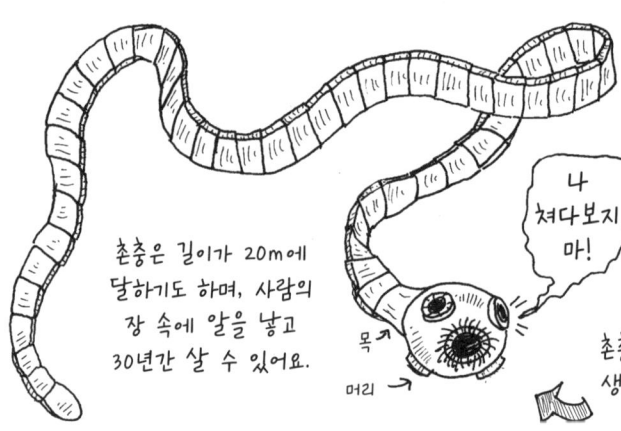

촌충은 길이가 20m에 달하기도 하며, 사람의 장 속에 알을 낳고 30간 살 수 있어요.

나 쳐다보지 마!

대부분의 벌레는 물이나 흙에서 나오는 것들을 먹고 살지만 **어떤 벌레**는 다른 동물, 심지어 사람의 **몸속**에서 살아요.

촌충은 긴 하얀색 리본처럼 생겼어요. 사람의 위 속에 살기도 해요.

나는 스타야!

불가사리와 성게는 **극피동물**이에요. 산소를 얻기 위해, 혈액 대신 물이 흐르는 수관을 통해 몸 곳곳으로 물을 뿜어내요. 극피동물의 몸 표면에 넓게 분포하는 관족에는 빨판이 달려 있어요. 불가사리는 발을 이용해 먹잇감의 껍데기를 억지로 연 뒤, 자신의 위를 토해 내요.
그런 다음 먹이를 산 채로 소화하기 시작하지요.

인사해, 절지동물들이야

소라게는 갑각류가 **맞지만**, 그렇다고 게는 아니에요. 등의 절반 부분은 외골격이 없어서 쓰고 다닐 조개껍데기를 찾아야 해요.

우리는 살면서 많은 **절지동물**을 만나요. 절지동물은 육지와 물속, 심지어 공중에서도 살아요. 절지동물은 외골격이 있어요. 마디로 구분되는 몸과 몸 양쪽에 같은 수의 다리가 있지요.

맞아요, 절지동물은 곤충을 비롯한 **벌레**의 다른 이름일 뿐이에요!

거미류, 곤충, 노래기는 모두 절지동물이고… 절지동물 가운데 바닷가재나 게 같은 **갑각류**는 **바다의 벌레**들인 셈이지요.

절지동물은 성장하려면 외골격을 **모두** 벗는 탈피를 해야만 해요.

게는 흔히 옆으로 걷지만, 앞이나 뒤로 걷는 게도 있어요.

가장 큰 게는 키다리게예요. 다리 길이가 4m나 되지요.

게는 집게발을 흔들어서 서로 '말을 해요'.

게는 눈이 자루 끝에 달렸어요.

게는 다리가 10개이지만 그중에 커다란 다리 한 쌍은 집게발이에요.

더 많은 벌레들!

거미류에는 거미, 진드기, 응애, 전갈이 있어요. 다리가 8개에 몸은 **머리, 가슴, 배**의 세 부분으로 나뉘어 있지요.
대부분 다른 동물들을 잡아먹고 살지만, 입은 그렇게 크지 않아요.
그래서 먹기 전에 먹잇감을 잘게 으스러뜨려야 해요.

거미는 먹잇감을 마비시키거나 죽이기 위해 독을 주입해요.
어떤 거미들은 죽이기 전이나 후에 거미줄로 꽁꽁 싸서
먹잇감의 몸속에 소화액을 주입해요.
그러면 먹잇감의 몸이 녹지요.

전갈은 집게로 먹잇감을 잡고 송곳니로 씹어요.
그런데 전갈의 독은 꼬리 끝에 있어요.

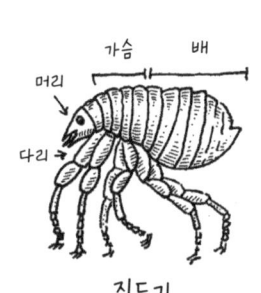

진드기

진드기와 몇몇 응애는 피를 빨아 먹고 살아요.
진드기는 먹잇감의 피부를 째서 벌린 뒤
주둥이를 끼워 넣어 피를 빨아 먹어요.
냠냠! 벌써 점심시간인가요?

전갈

곤충은 지구 생명체의 75%를 차지해요.

하늘을 날 수 있는 유일한 무척추동물이지요.

곤충은 종마다 생김새가 매우 달라서 서로 친척이라고 믿기 힘들어요.

하지만 자세히 보세요. (**너무 가까이는** 말고요. 무니까요.)

곤충은 모두 6개의 다리와 한 쌍의 더듬이, 외골격과 3개의 마디로 나뉜 몸으로 이루어져 있다는 걸 알 수 있어요.

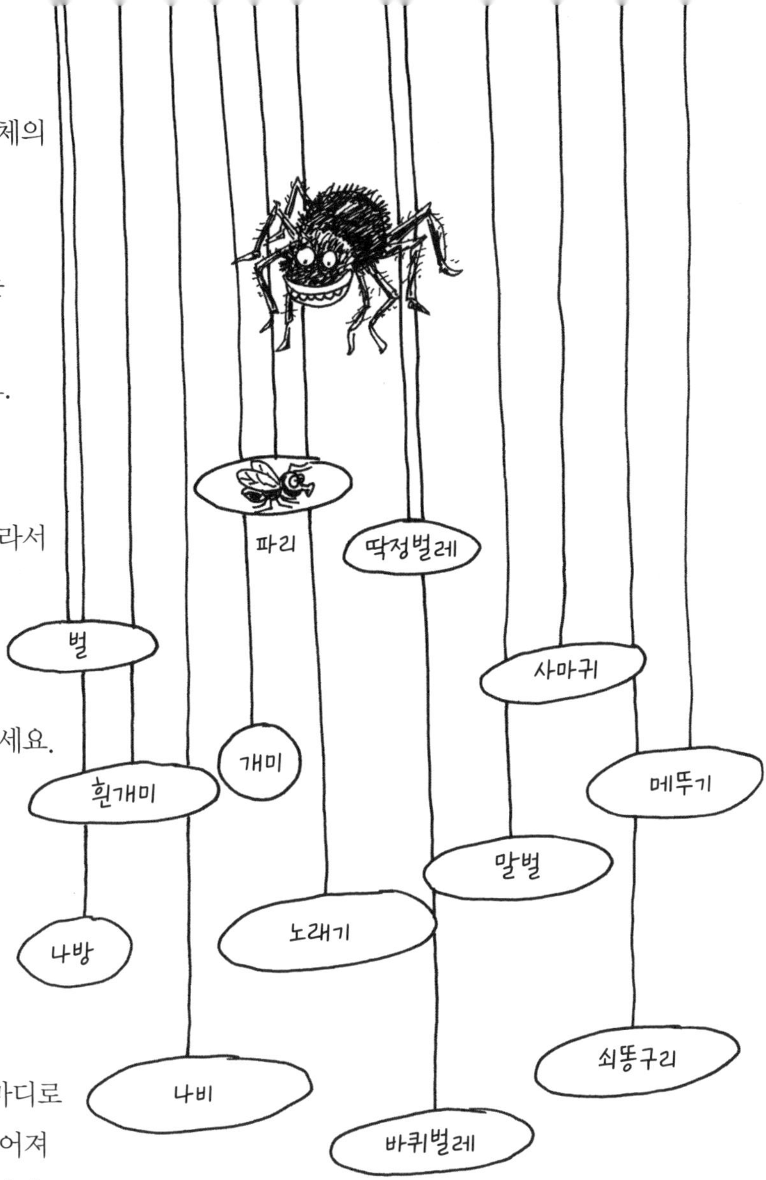

벌 / 파리 / 딱정벌레 / 흰개미 / 개미 / 사마귀 / 메뚜기 / 나방 / 노래기 / 말벌 / 나비 / 쇠똥구리 / 바퀴벌레

파리
난 거미 싫어!
나도!

우리는 곤충을 **해충**이라고 부르지만, 만약 곤충이 사라진다면 토양은 건강하지 않을 것이고, 식물은 수분되지 않을 것이고, 죽은 것들은 제대로 부패하지 않을 것이고, 다른 동물들은 먹을 것이 없어질 거예요.

곤충에 대한 믿을 수 없는 사실

말벌 중에는 너무 작아서 눈에 잘 보이지 않는 말벌도 있어요. 반대로 손바닥만 한 말벌도 있고요. 다 자란 말벌들은 대부분 꽃의 꿀을 먹고 살아요. 그런데 말벌의 **애벌레**는 동물만 먹어요.

오스트레일리아에 사는 대모벌은 침을 쏘아 거미 같은 먹잇감을 마비시키고는 마비된 가엾은 거미를 둥지로 끌고 가 알을 낳지요. 알에서 부화한 애벌레는 곧바로 거미를 먹기 시작해요. 거미는 **산 채로 잡아먹히죠**.

메뚜기는 자기 몸무게의 16배에 달하는 풀을 먹어 치울 수 있어요.

딱정벌레는 날아다니는 다른 곤충들과는 달라요. 4개의 날개 중 딱딱한 각질로 덮인 앞날개 2개가 여린 뒷날개를 보호해 주어요.

나방

만물 지식 상자

곤충, 자포동물, 양서류는 생애의 단계에 따라 생김새가 달라진다. 대부분의 곤충은 알을 낳고, 알은 애벌레로 부화한다. 애벌레는 나방이나 나비의 **유충기**이다. 구더기는 파리의 유충기이다. 애벌레는 일단 충분히 먹고 나면, 몇 차례에 걸쳐 탈피를 하고, 입에서 실을 내어 **고치**라고 부르는 잠을 자기 위한 작은 집을 짓거나, 단단하고 윤기 나는 **번데기**로 변한다. 애벌레는 고치나 번데기 속에서 성체로 탈바꿈한다.

노래기는 몸이 길고 여러 마디로 나뉜 절지동물이에요.
몸길이가 40cm가 조금 안 되는 것들도 있어요.
노래기에게는 다리가 정말 많이 달려 있어요.
다리가 30개인 노래기도 있고, 400개인 노래기도 있지요.

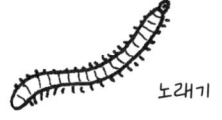
노래기

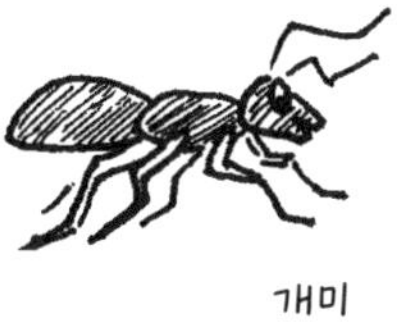

개미는 북극과 남극을 제외한 모든 곳에서 발견돼요.
우리가 보는 개미는 아마 **일개미**일 거예요. 일개미는 모두
암컷이고 날개가 없지요. 수컷 개미는 여왕개미처럼 날개가 있지만,
1주일 정도밖에 살지 못해요.

개미는 작지만 강해요. 자기 몸무게의 50배를 나를 수 있거든요.
서로 협동해서 훨씬 더 큰 물건을 나르기도 해요.

흰개미는 나무를 갉아 먹어요. 우리가
사는 집을 포함해서요. 흰개미는 개미가
아니에요. 바퀴벌레와 더 가까운
친척이지요.
너비가 30m나 되는 거대한 집을 짓는
흰개미도 있어요.

야, 거기 개미처럼
생긴 애! 이거
우리 집이거든!
도로 내려놔!

흰개미

친개미

바퀴벌레

흰개미

곤충에 대한 훨씬 더 믿기 어려운 사실

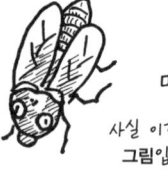

매미

사실 이건 매미 그림입니다.

사마귀

수컷 매미는 몸의 일부를 진동시켜 노래를 해요. 매미의 애벌레는 땅 위에서 부화해 땅속으로 파고들어 가서 나무뿌리의 수액 등을 빨아 먹으며 성장해요. 성체가 되면 동시에 땅 위로 올라와 **시끄럽게** 울지요.

사마귀는 위장의 고수이자 사냥계의 암살자예요. 막대기와 나뭇잎처럼 생겼고, 강한 씹는 턱과 날카로운 앞다리가 있으며, 고양이처럼 뛰어오를 수도 있어요.
사마귀는 작은 새도 잡아먹을 수 있어요.
꼭 꽃처럼 보이는 사마귀도 있지요.
곤충들이 꽃가루를 모으러 왔다가
점심밥이 되고 말아요.

나비

모든 동물은 살아남으려면 **약간의** 염분이 필요해요. 그렇다고 감자 칩을 사 먹을 수는 없지요. 어떤 나비들은 거북의 눈물을 마시려고 날아와요. 심지어 악어의 눈물을 마시는 나비들도 있어요.
이러한 현상을 **라크리파지**(lachryphagy)라고 해요.

파리는 알을 낳고, 알은 부화해서 구더기가 돼요.
구더기는 뚜껑을 덮지 않은 음식, 쓰레기, 시체,
심지어 썩은 살까지도 먹어요.
구더기는 다리는 없지만, 갈고리가 달린 입이 있어요.

파리는 발로 맛을 봐요.
우리가 먹는 음식 위에 소화액을 토하고,
빨대처럼 생긴 입으로 음식을 빨아 먹어요.

파리

흥미로운 사실은 파리와 구더기 둘 다

'징그럽다!' 라는 거예요.

그런데 설마 바퀴벌레보다 더 징그러울까요? 판단은 여러분 몫이지요.

바퀴벌레는 2억 년 동안 변함이 없었어요. 완벽한 것을 더 완벽하게 만들 수는 없으니까요. 바퀴벌레는 **뭐든지** 먹을 수 있지만, 먹을 게 없어도 한 달은 살 수 있어요. 1년에 2만 마리의 알을 낳을 수 있고, 7분 동안 숨을 참을 수 있으며, 위험한 방사능 속에서도 살아남고, 머리가 없어도 1주일 가까이 살 수가 있어요. 바퀴벌레의 취미는 쓰레기통에서 우리가 앉는 벤치로 박테리아를 옮기는 거랍니다.

수분 작용과 꿀

벌집에는 여왕벌, 암컷 일벌, 수벌이 있어요.
침은 여왕벌과 일벌들한테만 있어요.
여왕벌은 알을 낳기 위해 자신의 침을 이용해요.

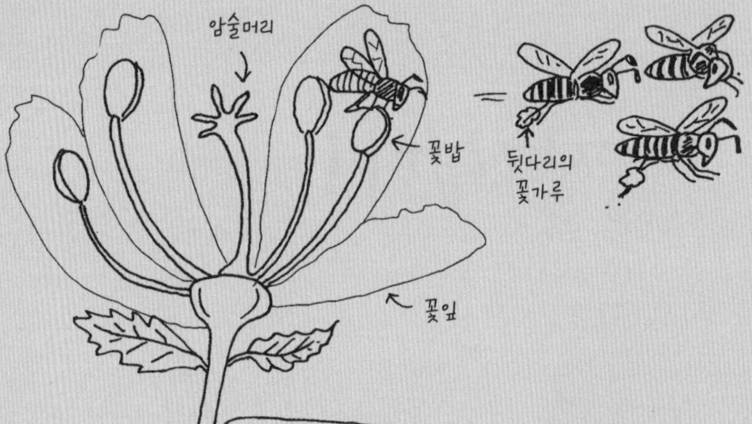

하지만 일벌은 침을
사용하면 **죽어요**.

열매나 씨앗이 자라나려면 꽃가루가
한 식물의 **꽃밥**에서 다른 식물의
암술머리로 옮겨 가야만 해요.

만물 지식 상자

두 생물 사이의 특별한 관계를 **공생**이라고 한다. 두 생물이 모두 이득을 보는 것을 **상리 공생**이라고 하고, 한쪽만 이득을 보는 것을 **편리 공생**이라고 한다. 세 번째 유형은 여러분이 잘 아는 **기생**이다. 진드기와 촌충은 둘 다 기생을 한다. 기생충과 숙주가 있다면, 그 관계에 있는 생물 중 하나는 고통을 받는다.

벌과 식물은 특별한 관계에 있어요. 꽃들은 수분할 준비가 되면 향기를 풍겨요. 벌들은 달콤한 향기를 따라 꽃으로 날아가요. 꽃가루를 모아서 벌집으로 가져가야 하니까요. 벌들은 꽃에서 꽃으로 옮겨 다니면서 꽃가루를 떨어뜨려요. 벌들이 퍼뜨리는 꽃가루를 통해 식물은 번식한답니다.

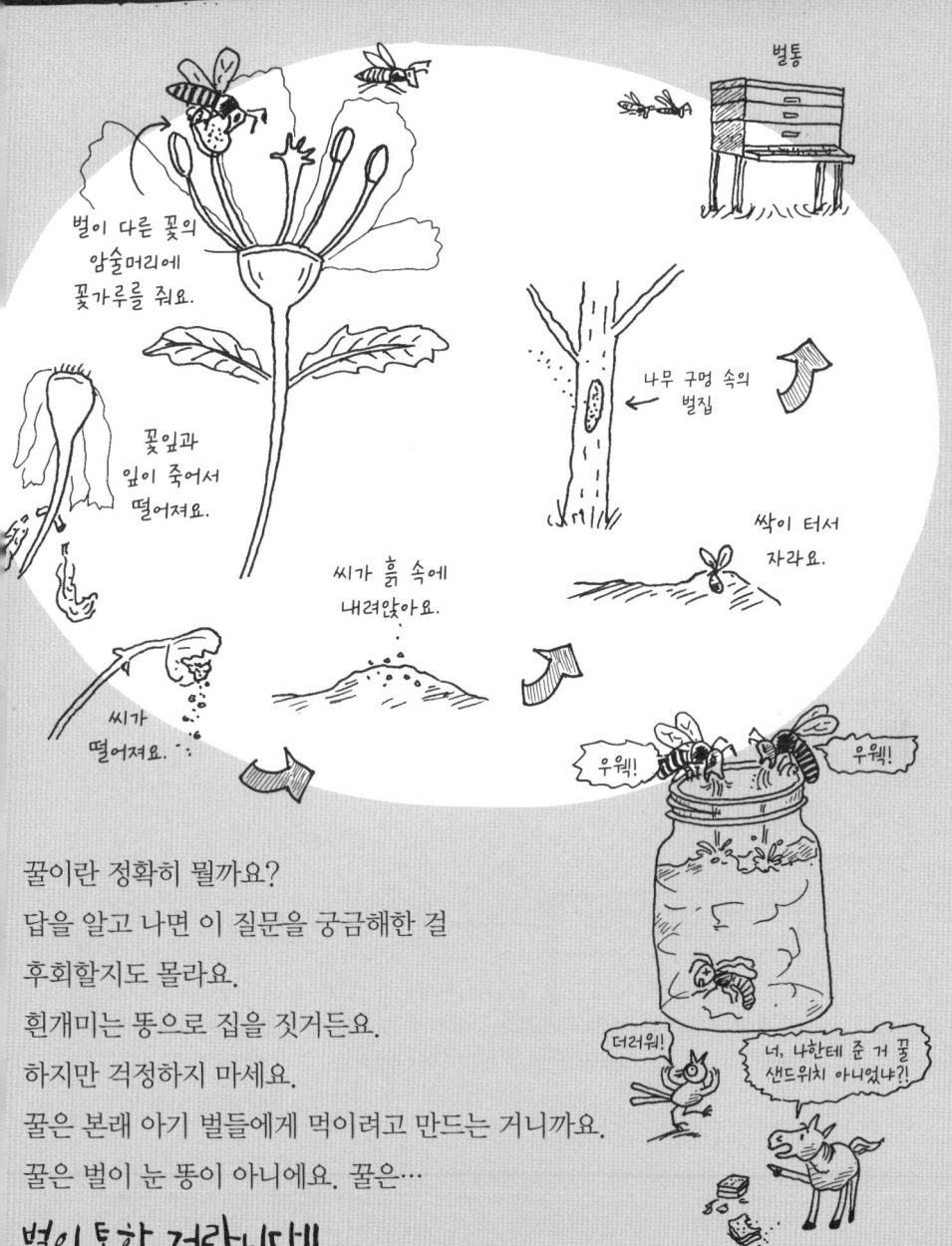

꿀이란 정확히 뭘까요?
답을 알고 나면 이 질문을 궁금해한 걸
후회할지도 몰라요.
흰개미는 똥으로 집을 짓거든요.
하지만 걱정하지 마세요.
꿀은 본래 아기 벌들에게 먹이려고 만드는 거니까요.
꿀은 벌이 눈 똥이 아니에요. 꿀은…

벌이 토한 거랍니다!!

식물이나 동물이 서로 먹고 먹히는 관계를 **먹이 사슬**이라고 불러요. 그런데 동물들은 딱 한 가지 음식만 먹는 게 아니라서 실제로는 아주 복잡한 **먹이 '그물'**에 가깝지요.

거미와 고양이는 **육식 동물**이에요. 육식 동물은 고기만 먹을 수 있어요. 식물을 소화하지 못하거든요.*

코뿔소는 **초식 동물**이에요. 식물만 먹지요. 코뿔소는 화나면 **사람을 죽일 수** 있지만 **먹지는 않아요**. 먹는 건 하이에나 같은 청소동물들의 몫이 되겠지요.

만물 지식 상자

식물은 스스로 에너지를 만들 수 있다. 대부분은 광합성을 통해 필요한 에너지를 충분히 얻는다. 어떤 박테리아는 주변 환경 속의 화학 물질에서 에너지를 합성해 사용한다. 이러한 생물을 **독립 영양 생물**이라고 부른다. 그들은 전체 먹이 사슬의 가장 아래에 위치한다. 그 밖의 모든 생물은 **종속 영양 생물**이라고 부른다. 먹보들!

*육식 동물도 풀을 먹을 때가 있다. 고양이를 비롯해 호랑이, 사자, 개도 풀을 뜯어 먹는데, 단순히 장 청소를 하려고 먹기도 하지만, 항균제, 구충제, 진통제 성분의 풀을 찾아 먹을 줄도 안다고 한다.

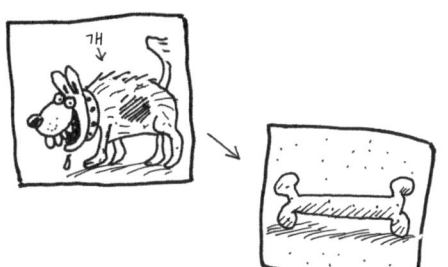

개는 작은 발에 잡히는 대로 다 먹어 치워요. 개는 **잡식 동물**이니까요. (대부분의) 사람처럼요. 잡식 동물은 식물도 먹고 동물도 먹지요.

모든 먹이 사슬의 꼭대기에는 **최상위 포식자**가 있어요. 이들에겐 천적이 없어요. 사람들은 사냥을 잘하기 위해 늑대와 맹금류 같은 최상위 포식자를 길들였어요.

가마우지는 대부분 야생에서 살아요. 하지만 일본과 중국에서는 주인을 위해 물고기를 잡도록 훈련을 받아요.

도구와 지능은 **우리**를 일종의 최상위 포식자로 만들어 주었어요. 우리를 손쉽게 점심밥으로 먹어 치울 수 있는 동물들도 많지만요.

그런데 가장 무시무시한 최상위 포식자마저 먹어 치우는 무리가 있어요. 바로 **분해자**들이에요. 그들은 노폐물과 죽은 물질들을 분해하고, 전체 먹이 사슬을 계속해서 유지해 줘요. 균류와 박테리아, 지렁이, 바퀴벌레, 구더기 같은 동물들은 혐오스러울지는 모르지만, 먹이 사슬을 지켜 주는 영웅들이랍니다!

좋아요, 똥에 대해 좀 **진지해져** 볼까요?

똥을 먹는 동물들도 있어요!

자기 똥이나 다른 동물들이 눈 똥을요.

어떤 곤충들은 몸집이 큰 동물의 똥을 먹어요.
그 똥 속엔 아직 소화되지 않은 음식이 많기 때문이에요.
쇠똥구리는 약 3000만 년 동안 동물의 배설물을 굴리며 살았어요.
똥을 먹고, 또 그 똥 속에 알을 낳지요.

토끼는 **두 가지 종류의** 똥을 싸요.
그중에서 한 가지 똥만 먹어요.

어떤 아기 동물들은 엄마 똥을 먹기도 해요.
태어날 때 갖고 있지 못한 유용한
박테리아를 얻기 위해서예요.

 웜뱃은 **약간** 정육면체처럼 생겼어요.
엉덩이는 아니지만요. 그런데 웜뱃은
정육면체 모양의 똥을 누는 유일한 동물이에요.
어떻게, 왜 그런 똥을 누는지는 아무도 몰라요.

똥을 보면 그 똥의 주인을 알 수 있어요.
저녁밥으로 뭘 먹었는지도 알 수 있답니다.

음, 난 정상이야.
그냥 똥을 싸는 거야.

 뱀은 똥을 많이 누지 않지만,
똥을 눌 때는 딱딱한 오줌도
같이 눠요.

달팽이 똥

달팽이의 몸은 전부 껍데기 속에 감겨 있어서
엉덩이가 허파 속에 있어요. 바로 머리 근처이지요.

달팽이 머리

털투성이 마개

 곰은 겨울잠을 **자는 내내** 똥을 누지
않아요. 어떻게 그러냐고요?
정말 알고 싶어요?
곰이 털을 핥으면, 몸에 일종의
털투성이 똥구멍 마개가 생겨요.

다시 말하면 봄이 올 때까지는 똥을 **눌 수 없다**는 뜻이지요.

말아, 너 그
밑에서 뭐 해?

내 똥 묻어. 난 최상위
포식자가 아니잖아.

많은 동물은 영역 표시를 하려고 똥을 눠요.
사자나 호랑이 같은 큰 맹수들은 다른 포식자들에게
자기 위치를 알리고 싶어 해요. 하지만 작은
고양이들은 최상위 포식자가 아니라서 냄새를
감추기 위해 똥을 묻어요.

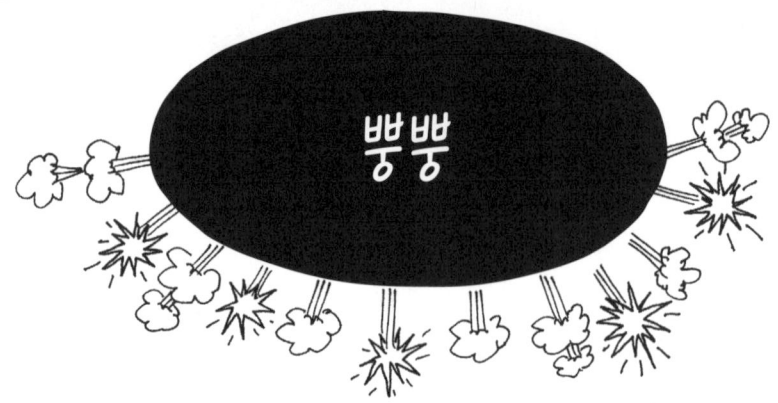

거의 모든 포유류는 방귀를 뀌어요.
나무늘보는 방귀를 뀌지 않는 유일한 포유동물인
것 같아요. 대신 입 냄새가 **지독하답니다**.

가장 큰 방귀를 뀌는 동물은 고래예요.
방귀 냄새가 가장 심한 동물은 바다표범이고요.

어떤 물고기들은 방귀에 생사가 달려 있어요.
방귀를 뀌지 않으면 수면 위로 떠올라 죽을 수도 있거든요.

바다소는 가스를 이용해 물 위를 떠다녀요.
다시 물 밑으로 내려가려면 그냥 방귀를 뀌지요.

날마다 방귀를 뀌어 대는 아주 작은 흰개미들이 너무 많아서,
다 모이면 전 세계 메탄가스 공해에 한 원인이 된답니다.

*그랬으면 좋겠지만 어림없는 소리!

어떤 뱀들에게는 방귀를 이용해 자기 몸을 지키는 **총배설강 파핑***이라고 하는 방어 기제가 있어요.

만물 지식 상자

포유동물은 내장 속의 먹이를 분해할 때 가스가 생산된다. 이는 음식을 소화하는 데 필요한 특정한 종류의 박테리아 덕분이다. 식물을 먹으면 가스가 **더 많이** 생기지만, 육류를 먹으면 **냄새가 더 심하다**. 동물은 소화 기관이 길수록 가스가 생산될 기회도 더 많아진다. 문어, 홍합, 조개는 방귀를 **뀌지 않는다**. 새는 뀔지도 모르는데 아무도 확실히 알지 못한다.

* 총배설강 파핑: 소노란 산호뱀은 위협을 느낄 때 2m 거리에서도 들리는 크기의 짧은 방귀 소리를 내는데, 이 현상이 뱀의 소화 기관인 '총배설강'을 통해 일어난다고 해서 '총배설강 파핑(Cloacal Popping)'이라고 이름 붙였다.

동물은 어디에나 있어요

완보동물을 기억하지요?
완보동물은 절지동물과 친척이에요.
완보동물은 너무 위험해지면
겨울잠에 들어가는데 이를
툰(tun) **상태**라고 해요. 온몸의
수분을 제거하고 한동안 생명이
없는 공으로 변하는 거예요. 툰 상태로는 위험한
방사선과 차가운 진공 상태에서도 살아남을 수 있어요.

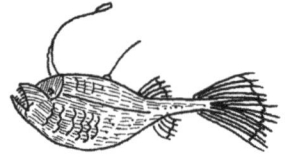

완보동물, 관벌레, 조개, 새우는 해저 화산 분출구의 끓는 물
근처에서도 살 수 있어요.

햇빛이 들지 않는 동굴에 사는 동물들은 몸이 하얗고 눈이 없어요.
어두운 곳에서는 색이나 시력이 필요하지 않으니까요.

어는점에 가까운 가장 깊은 바닷속 가장 어두운 곳에 사는 동물들도 있어요.

심지어 다른 동물의 **몸 위**나 **몸속**에 사는 동물들도 있어요.

비버는 이빨로 나무를 갉아 넘어뜨려 댐을 만들고 진흙과 나뭇가지로 집을 지어요. 흰개미는 꼭대기에 거대한 둔덕이 있는 굴을 파요. 뜨거운 공기가 밖으로 빠져나가게 높은 굴뚝을 짓기도 하지요. 몇몇 동물들이 지은 집들은 신기하고도 멋져요.

환상적인 물고기들과 헤엄을!

상어와 **물고기**는 최초의 척추동물이에요. 물속에서 아가미로 숨을 쉬고 살지요.

물고기라고 다 비늘이 있는 것은 아니에요. 끈끈한 **점액**으로 덮여 있는 물고기도 있어요.

상어와 가오리는 물고기지만, 다른 물고기들과 큰 차이점이 있어요. 뼈대가 **연골**이라고 불리는 무른 뼈로 이루어져 있거든요. 다른 물고기들은 대개 뼈가 굳고 단단해요.

가오리는 몸이 납작하고 꼬리에 가시가 있어요.
하지만 바다의 최상위 포식자는 상어예요.

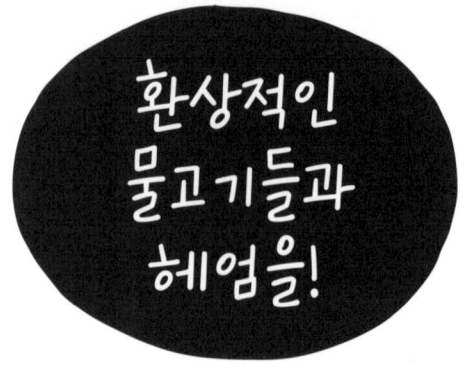

천천히 가, 얘들아!

상어는 매우 영리하고, 턱이 강하며, 우리 몸을 갈기갈기 찢을 수 있는 이빨이 여러 줄 나 있어요. 어떤 상어들은 알을 낳지 않아요. 알을 몸속에서 부화시켜서 새끼 상어를 낳지요. 샌드타이거상어는 태어나기도 전에 이미 포식자가 돼요. 형제자매 중에 마지막 한 마리만 남을 때까지 서로를 잡아먹거든요.

만물 지식 상자

척추동물은 연골로 이루어진 **등뼈**나 척수를 보호하는 뼈가 있다. 연골은 뼈만큼 단단하지 않다. 약간 유연하며, 보통은 뼈와 뼈를 연결해 준다. 귀를 만져 보라. 귀는 연골로 이루어져 있다. **뼈**는 단단한 바깥층과 혈관, 신경, 골수가 있는 스펀지 같은 내부 구조로 이루어져 있다. 어류, 양서류, 파충류, 조류, 포유류는 모두 척추동물이다.

장어를 포함해 물고기는 대부분 **조기류**˚에 속해요.
조기류의 지느러미는 뼈 위로 뻗은 피부예요.

전기뱀장어는 몸속에서 강력한
전류를 만들어 내서 먹잇감을
감지하고 기절시키지요.

메기는 대부분 입 주위에 난
수염인 **촉수**가 있고, 촉수 속에
미뢰˚가 있어요. 그런데 어떤
물고기들은 **온몸**으로 맛을
볼 수가 있답니다.

해마는 물고기와 생김새가 달라요.
그렇지만 해마도 물고기예요.

해마는 헤엄 실력이 뛰어나지 못해서 꼬리로
해초를 꽉 잡고 있어요.

˚ 조기류: 단단한 뼈를 지닌 어류 아강(亞綱)의 하나. 피부는 뼈와 같은 성질의 비늘로 이루어져 있고,
머리 양쪽에 아가미를 보호하는 넓고 얇은 뼈로 된 판이 있다.
˚ 미뢰: 척추동물에서 미각을 맡은 꽃봉오리 모양의 기관.

놀라운 양서류

그리스어로 **양서류**라는 단어는
'이중생활을 하다'라는 뜻이에요.
두꺼비, 개구리, 도롱뇽, 영원이 바로
그러한 동물이지요.

우리는 아기일 때 생김새가 저마다 달라요.
그런데 양서류는 어렸을 때는 아가미가
있고, 전부 다 똑같은 물고기처럼 보여요.

양서류는 자라면 다리 4개와
허파가 생기지요.

양서류는 곤충처럼 고치나 번데기를 만들지는
않지만, 양서류의 **변태**도 놀랍기는 마찬가지예요.

양서류는 성체가 되면 공기 호흡을 해요.
하지만 피부는 항상 젖어 있어야 해요.
그래서 축축한 집에서 너무 멀리는 못 가요.

어류, 양서류, 파충류는 **냉혈 동물**이에요.
기온이 영하로 떨어지면 체온도 떨어지고,
움직임이 당장 느려지지요. 하지만 어떤 개구리들은
겨우내 그냥 잠만 자는 게 아니에요.
몸이 꽁꽁 얼어 냉동 상태가 되고,
숨이 완전히 멈추어요.
심장도 뛰지 않아요.

죽은 것처럼 **보이지만**,
봄이 되면 다시 깨어날 준비가 되어 있답니다.

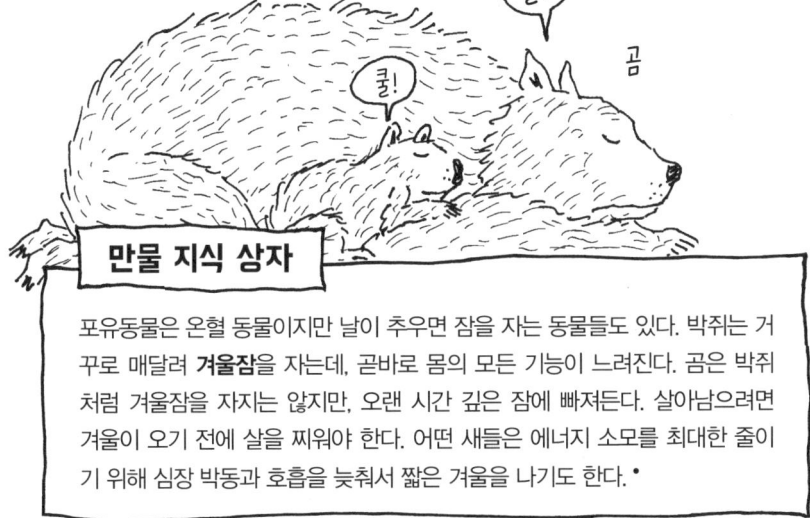

만물 지식 상자

포유동물은 온혈 동물이지만 날이 추우면 잠을 자는 동물들도 있다. 박쥐는 거꾸로 매달려 **겨울잠**을 자는데, 곧바로 몸의 모든 기능이 느려진다. 곰은 박쥐처럼 겨울잠을 자지는 않지만, 오랜 시간 깊은 잠에 빠져든다. 살아남으려면 겨울이 오기 전에 살을 찌워야 한다. 어떤 새들은 에너지 소모를 최대한 줄이기 위해 심장 박동과 호흡을 늦춰서 짧은 겨울을 나기도 한다.*

* 푸어윌쏙독새는 조류 중에서 유일하게 겨울잠을 자는 것으로 알려져 있으며, 에너지 소모를 최대한 줄이기 위해 체온이 4.3℃로 낮아지고 심장 박동과 호흡이 느려진다.

유명한 파충류

뱀, 악어, 도마뱀, 거북은 모두 허파가 있고, 공기 호흡을 해요. 비늘이 있는 척추동물이며, 한꺼번에 껍질이나 허물을 벗기도 해요.

가장 큰 **파충류**는 길이가 6m에 달하는 바다악어예요. 물속에 몰래 숨어 있다가 먹잇감을 공격하지요. 먹잇감을 물고서 빠르게 온몸을 빙빙 돌리는 '**죽음의 회전**'으로 큰 동물들도 죽일 수 있어요. 가장 작고 가장 귀여운 파충류는 카멜레온이에요. 카멜레온은 한 손에 '손가락'이 2개밖에 없어요. 카멜레온은 피부색을 바꿀 수도 있어요. 물체를 붙잡기에 편리한 꼬리와 먹이를 잡는 데 좋은 끈끈한 혀가 있지요.

파충류들은 정말 이상한 행동을 하기도 해요. 물거북은 얼음으로 덮인 연못에서 겨울을 나지만, 계속 숨을 쉬어야 하고 개구리처럼 냉동 상태가 되지도 못해요. 다행히도 엉덩이에 있는 특별한 혈관들이 물에 녹아 있는 산소를 바로 흡수해요. 네, 그게 바로 **엉덩이 호흡**이랍니다.

만물 지식 상자

냉혈 동물은 환경에 의존해서 체온을 올리고 체온을 식힌다. 몸을 따뜻하게 하려면 햇볕을 받으며 누워 있어야 한다. 아니면 시원한 물에서 몸을 식힌다. **온혈 동물**은 에너지를 이용해 몸을 따뜻하게 한다. 또한 **몸을 떨어서** 근육이 오그라들었다 풀어졌다 하게 해서 몸을 데운다. 반대로 **숨을 헐떡여서** 몸이 지나치게 뜨거워지지 않게 만들기도 한다. 포유동물은 땀을 흘릴 수도 있는데, 이를 통해 몸을 식힌다.

여러 가지 알

파충류의 새끼는 알에서 나와요.
알은 연하지만 껍데기는 가죽처럼 질겨요.
보통은 땅속에 묻혀 있어요.
어미들은 대부분 알 옆에서 기다리지
않아요. 악어 어미들만 빼고요.
그러니까 **악어알로 장난치면 큰일 나요.**

파충류, 조류, 포유류의 알껍데기는
방수가 돼요. 알 내부에는 **배아**를
보호하는 액체 주머니가 있어요.

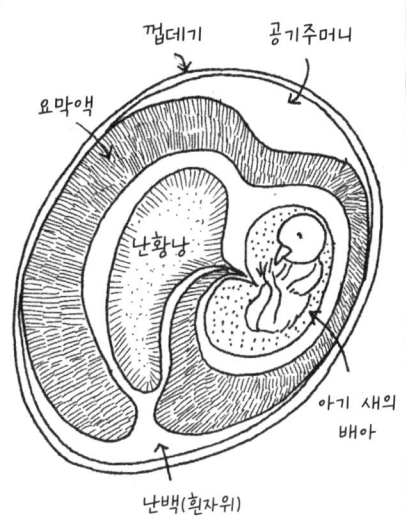

껍데기 / 공기주머니 / 요막액 / 난황낭 / 아기 새의 배아 / 난백(흰자위)

양서류의 알에는 액체가 없어서 물속에 알을 낳아야 해요. 살아 있는
새끼를 갖는 일은 아주 드물어요. 동물은 대부분 알을 낳지요.

물고기는 아주 작은 알을 **아주 많이** 낳아요.
부화할 때까지 알을 입에 물고 다니는 물고기들도 있어요.

아빠 해마들은 배에 있는 새끼주머니 속에
알을 넣고 다녀요. 등에 알을 지고 다니는
엄마 거미들도 있어요. 집게벌레 같은 몇몇
곤충도 알 옆을 떠나지 않고 돌봐요.

인간은 먹이 사슬의 꼭대기에 있지만, 그건 우리가 함께 일하고, 다른 동물들 길들이고, 도구를 사용해서예요. 다른 많은 동물은 태어날 때부터 무기를 가지고 태어나지요.

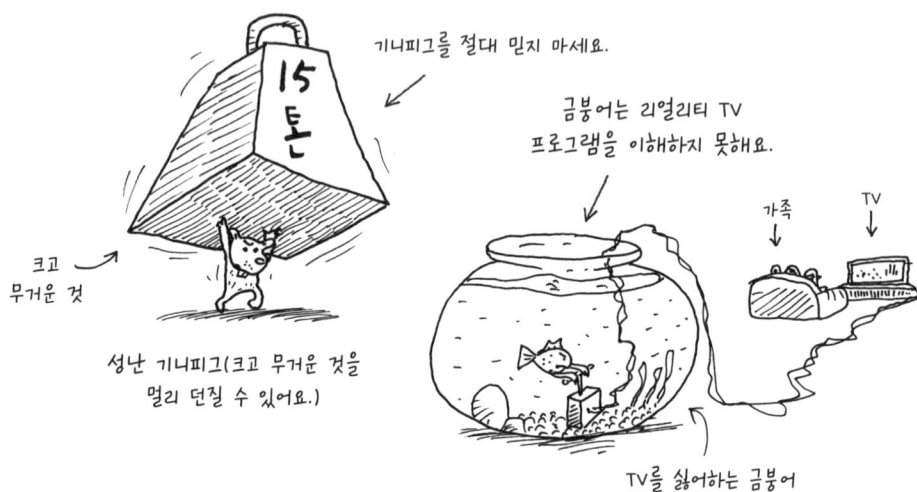

그 무기가 늘 날카로운 이빨과 발톱인 것만은 아니에요.

하마는 둥그스름하고 귀엽지만, 몸집이 **크고** 매우 공격적이에요. 초식 동물이지만 세계에서 가장 위험한 육지 동물이지요. 하마는 악어를 물어뜯어 두 동강을 낼 수도 있어요.

흰코뿔소는 하마만큼 크고 심지어 더 무거워요(이름은 흰코뿔소인데 몸 색깔은 회색이에요). 피부는 갑옷처럼 단단하고, 거대한 뿔은 무시무시하지요. 정정당당하게 싸우면 코뿔소가 하마를 이길지도 몰라요. 하지만 하마는 무리 지어 살고, 물속 곳곳에 숨어 있어요. 물속에 있으면 아예 보이지도 않겠지만, 하마들을 방해했다간 **죽음**이랍니다!

복수할 기회를 노리는 성난 개미

거대 거미가 다 해 먹기!

거미는 자기들이 세상에서 가장 위험한 생명체라고 생각하는 것 같아요.
하지만 새 중에도 공격하거나 잡아먹으면 독이 되는 녀석들이 있어요.
두루미는 아니에요. 두루미는 하늘을 나는 새 중에서
가장 키가 크지만, 인간에게 해롭지는 않아요.

두건피토휘라는 새는 독을 가진 벌레를 잡아먹고,
그 독을 흡수해 몸속에 저장해요.

어떤 물고기와 바다거북은 스스로 독을 지닌 존재가 되기도 해요.
독성이 강한 조류, 산호, 해파리를 잡아먹기 때문이지요.

우리가 먹을 수 없는 동물들!

독화살개구리 피부에 난 검은색과 노란색 무늬는
매우 예쁘지만, 사실 그것은 경고 표시예요.

상자해파리는 독이 있는 동물 중 단연
금메달감이에요. 상자해파리 몸에 있는
독소만으로도 죽음을 면치 못하지요.
그런데 쏘이면 **너무나 고통스러워서** 그 전에
심장 마비가 일어나거나 쇼크에 빠져 익사할
가능성이 커요.

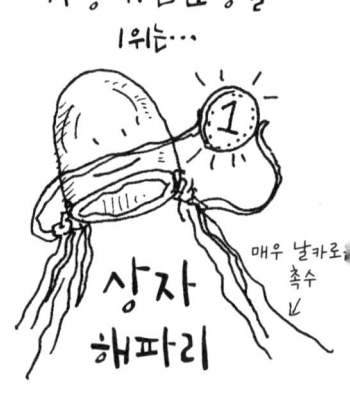

독이 있는 포유류는 희귀해요.
그래도 몇 종류가 있어요.
이 보송보송하고 작고 귀여운 동물은
슬로로리스예요. 슬로로리스는
사랑스러워요. 하지만 땀과 침에 모두
독이 있어요. 땀과 침이 섞이면…
상황이 훨씬 심각해지지요.

동물을 먹는 식물

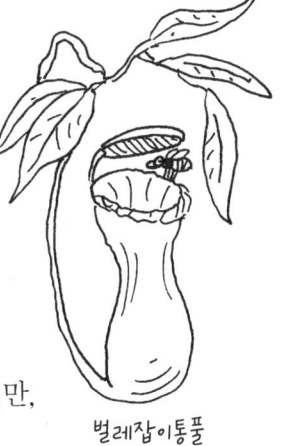

벌레잡이통풀

독이 있는 식물이 있다는 것은 누구나 알지요.
그런데 식물도 포식자가 될 수 있어요.
그러한 식물은 에너지를 얻기 위해 광합성도 하지만,
먹이에서도 영양분을 얻어요.
토양이 너무 빈약하거나 기름지지 않은 지역에서
다양한 식충 식물들이 진화했어요.

벌레잡이통풀은 보통 곤충을 잡지만,
쥐를 잡기도 해요.

파리지옥은 파리만 먹지 않아요.
안에서 뼈만 남은 개구리가 발견된
적도 있어요.

해로워 보이지 않는데?

파리지옥

원숭이들은 위험한 동물 같아.

한 장만 넘기면 원숭이들에게 파멸이 닥칠 거야.

만물 지식 상자

'**독성이 있다**(poisonous)'라는 말은 만지거나 삼키면 위험하다는 뜻이다. '**독이 있다**(venomous)'라는 말은 그 생물이 쏘거나 물 수 있다는 뜻이다. 유혈목이와 파란고리문어는 욕심이 지나친 동물들이다. 독성도 있고 독도 있으니까 말이다.

아름다운 새들

새는 부리와 깃털이 있는 온혈 척추동물이에요. 껍데기가 단단한 알을 낳아요. 새의 깃털은 몸을 따뜻하게 해 주고 하늘을 날 수 있게 도와줘요. 그런데 **날 수 없는 새도** 날개는 있어요.

펭귄과 같은 새들은 물속을 '날아요'. 방수가 되는 깃털이 몸을 계속 따뜻하고 마른 상태로 있게 해 줘요.

홍학의 몸은 아름다운 분홍색이에요. 홍학이 조류와 베타카로틴이라는 주황색 화학 물질이 함유된 작은 조개류를 먹기 때문이죠.

나는 홍학이야. 엉덩이를 적시지 않고 물속을 거닐 수 있어.

난 못해.

난 노래할 수 있다!

난 날개가 있다!

새는 다른 동물들에게는 없는 독특한 후두가 있어요. 어떤 새는 **어떤 소리든** 흉내 낼 수 있고, 심지어 다른 동물의 소리까지 흉내 낼 수 있어요. 그리고 새마다 지저귀는 소리가 다 다르답니다.

만물 지식 상자

많은 새들이 겨울을 피해 따뜻한 곳으로 날아간다. 이를 **이동**이라고 한다. 북극제비갈매기는 가장 먼 거리를 이동한 기록을 보유하고 있다. 북극과 남극을 오가며 1년의 대부분을 날아다닌다. 몇몇 나비들과 북극의 카리부들도 겨울을 피해 이동을 한다. 카리부는 순록이라 **날지는 못한다**. 크리스마스이브에 선물을 배달할 때만 빼고.

내가 최고야!!

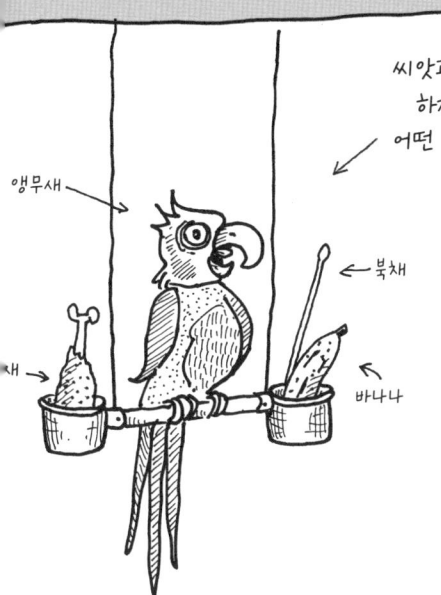

씨앗과 과일만 먹고 사는 새도 많아요.
하지만 새는 대부분 잡식성이지요.
어떤 새는 다른 새를 잡아먹기도 해요.

새는 뇌가 **아주 작아요**. 그렇지만 작은 뇌 속에 신경 세포들이 **가득 차** 있어요. 새는 **영리하죠**.

아프리카에 사는 회색앵무는 대단히 영리해서 수백 개의 낱말을 익히고 이해할 수 있어요.

새가 공룡에서 진화했다는 것은 어렵지 않게 알 수 있어요. 올빼미는 먹이를 통째로 삼켜요. 그런 다음 뼈와 털로 이루어진 작은 뭉치를 토해 내지요.

맹금류는 구부러진 부리와 날카로운 발톱으로 다른 동물의 살을 잡아 뜯을 수 있어요.

뱀잡이수리는 먹잇감을 **밟아** 죽여요. 참! 원숭이를 잡아먹는 독수리가 간식으로 뭘 먹는지 알아맞혀 볼래요?

우수한 포유류

포유류는 온혈 동물이에요. 어미는 새끼들에게 몸속에서 만들어진 젖을 먹여요. 포유류는 공기 호흡을 하고, 몸에 털이 있어요(고래도 태어나기 전에는 몸에 털이 있어요).

헤엄을 치는 동물도 있고, 날개를 움직이지 않고 하늘을 나는 동물도 있고, 달리고 뛰어오르는 동물도 있지만, 하늘을 나는 포유동물은 박쥐가 유일해요. 포유류는 먹이의 종류에 따라 날카롭거나 뭉툭한 이빨이 있어요. 고래는 이빨이 하나도 없어요.

포유류는 모두 네발로 시작했어요. 고래와 돌고래는 발을 쓸 필요가 없었고, 따라서 발이 없는 모습으로 진화했어요. 포유류는 팔다리 끝에 손톱이나 발톱, 또는 발굽이 있어요.

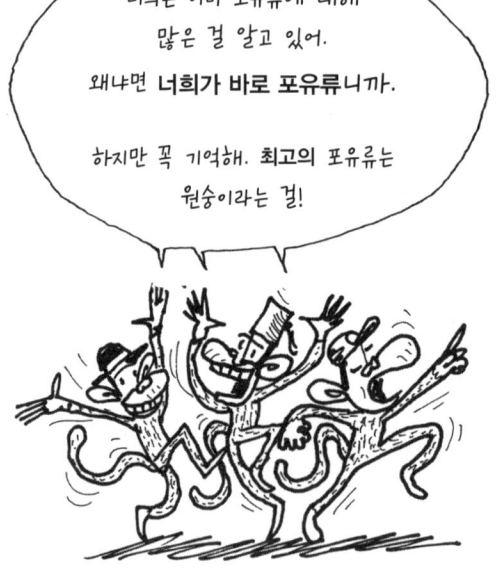

모든 포유류는 허파가 있어요.

돌고래는 머리 꼭대기에 있는 **호흡구**로 숨을 쉬기 위해 수면으로 헤엄쳐 올라와야 해요.

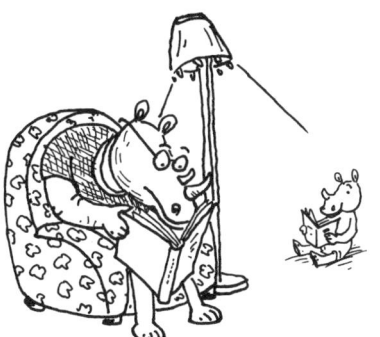

뿔이 난 포유류도 있어요.
그런데 모든 뿔이 다 똑같은 것은 아니에요.
코뿔소 뿔은 **케라틴**으로 이루어져 있어요.
케라틴은 우리의 손톱을 구성하는
성분이에요. 뿔은 평생토록 자라요.

수사슴은 **가지를 뻗는 뿔**이 나는데, 이 뿔은 죽은
뼈로 이루어져 있어요. 겨울에는 뿔이 떨어지고 봄이 되면 새로 자라나요.
기린은 피부 아래에 뼈 같은 작은 혹들이 자라나요.
코끼리 **상아**는 뿔과 **같아요**. 그런데 상아는 사실 거대한 이빨이에요.
일각돌고래의 엄니는 길고 뾰족해요. 그래서 '바다의 유니콘'이라고 부르지요.

포유류는 종마다 독특한 **소리**를 내요. 코를 힝힝거리고,
가르랑거리고, 짖고, 히이잉 울기도 하고…
소리를 내지 않는 기린만 빼고요. 일각돌고래와
돌고래는 휘파람 소리와 딱딱거리는 소리를 내요.
원숭이 소리는 우리와 가장 비슷하게 들려요. 마치
문장처럼 들리는 말로 대화를 해요. 여러 가지 면에서 우리와
가장 가까운 침팬지는 소리보다는 몸짓을 더 많이 사용해요.

 짖는원숭이는 가장 시끄러운
육지 동물이에요.

만물 지식 상자

포유류는 거대한 흰긴수염고래부터 작은 뒤영벌박쥐에 이르기까지 모양과 크기가 다양하다. 포유류는 크게 세 가지로 나뉜다. **유대목 동물**은 새끼를 주머니에 넣고, **단공류 동물**은 알을 낳으며, **태반류 동물**은 새끼를 몸속 자궁 안에서 키운다. 말과 같은 포유류는 태어나자마자 먹이를 찾고 걸을 수 있는 반면, 인간의 아기는 혼자서는 아무것도 하지 못한다. 그렇지만 모든 포유류는 새끼 옆을 떠나지 않고 보살펴 준다.

4

우리 안의 우주

우리 몸속엔 무엇이 있을까요?

우리 몸의 92%는 탄소, 산소, 수소와 질소야. 그 기체들의 60%는 물을 이루고 있어.

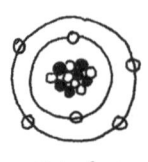

탄소 원자

탄소는 근육, 지방, 단백질, 그리고 DNA의 주요 성분입니다. 여러분은 다이아몬드와 똑같은 성분들로 만들어졌습니다.

우리 몸은 많은 부분으로 이루어져 있어요.*

- ☐ 머리뼈
- ☐ 뇌
- ☐ 마음
- ☐ 원숭이
- ☐ 팔딱거리는 것(심장)
- ☐ 숨 쉬는 것(폐)
- ☐ 간
- ☐ 자동차 핸들
- ☐ 콩팥 2개
- ☐ 엔진
- ☐ 손가락 10개(엄지손가락 포함)
- ☐ 발가락 10개
- ☐ 혀 1개
- ☐ 파이 2조각
- ☐ 말
- ☐ 뭉툭한 것들이 많이 달린 긴 내장
- ☐ 엉덩이
- ☐ 여분의 엉덩이
- ☐ 사적인 부위 몇 가지
- ☐ 다리 2개
- ☐ 팔 2개
- ☐ 다리 7개 더
- ☐ 치즈 한 덩이
- ☐ 다리뼈
- ☐ 눈(2개)
- ☐ 입술(2개)

*목록 중 일부는 아주 정확하지는 않음.

우리는 척추동물이에요.

동물 중에서 척추동물은 겨우 2%뿐이니까, 우리는 **희귀한 동물**이지요.

척추동물은 뇌와 신경계와 골격을 뛰어나게 진화시켰어요.
우리의 뇌와 신경계와 골격은 동물의 왕국에서 가장 놀랍고 훌륭한 것 중에 하나예요.

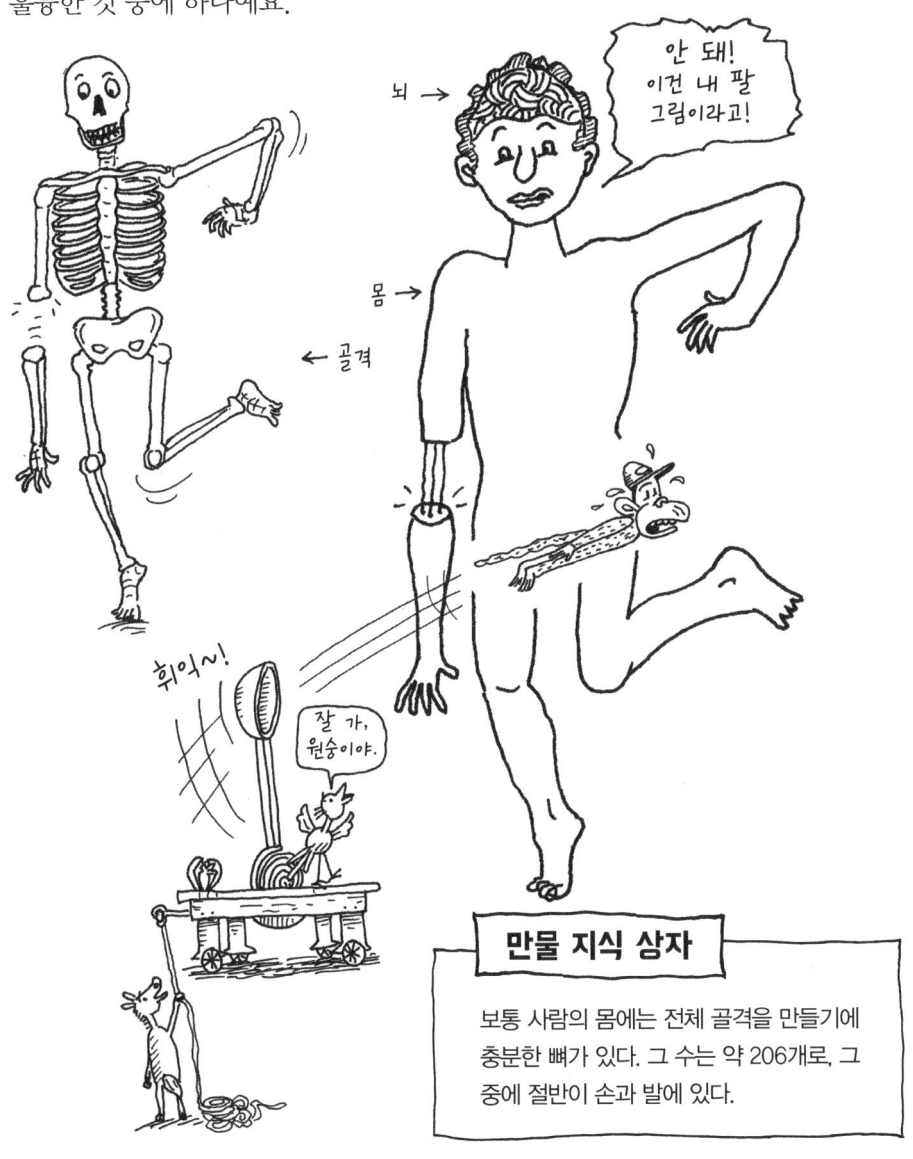

만물 지식 상자

보통 사람의 몸에는 전체 골격을 만들기에 충분한 뼈가 있다. 그 수는 약 206개로, 그 중에 절반이 손과 발에 있다.

우주는 우리를 둘러싼 모든 것이자, 우리 너머의 모든 것이자,
바로 우리 자신이에요.

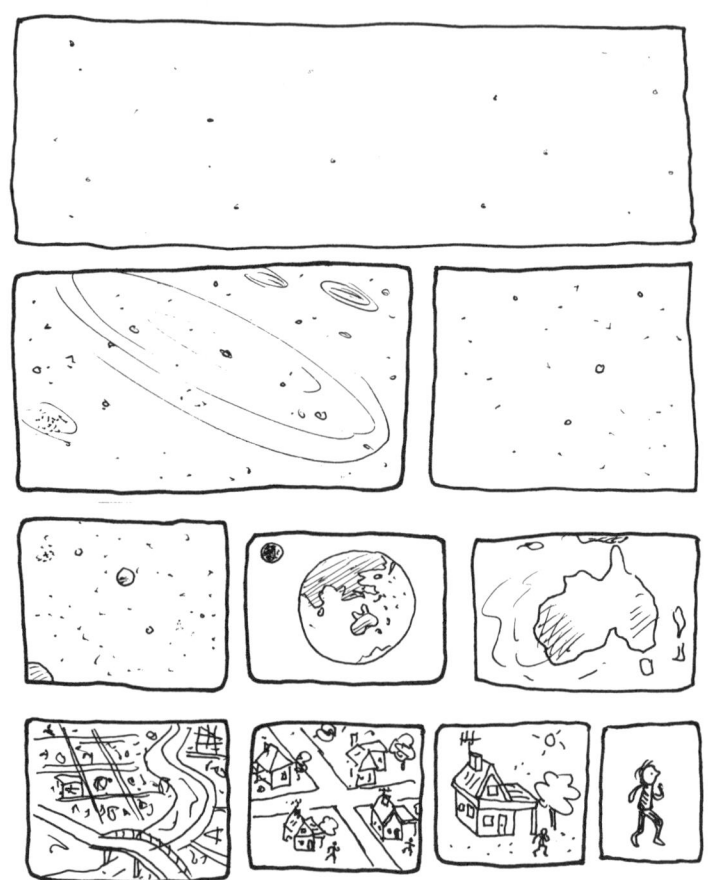

우리 밖의 우주는 **커요**.
무지무지 커요.
하지만 '우리'라는 우주는
우리 밖의 우주만큼 크답니다!

중력, 마찰력, 자기력, 그리고 우주를 하나로 묶어 주는 과학의 법칙이 우리 몸 안팎에서 작용하고 있어요. 전기와 물질의 상태 변화와 분자를 결합하고 분해하는 화학 작용은 물론이고요…. 그 모든 것 또한 우리 안에서 일어나는 일이지요.

우리 몸을 구성하는 작은 것들과 견주면
우리는…

아주 거대해요.

비록 '나'라는 우주의 한 부분은

무한히 작을지라도 말이죠!

우리가 알고, 이름을 말할 수 있는
우리 몸속의 가장 작은 부분들은
최고급 현미경으로만 관찰할 수 있어요.

인체의 신비를 탐험하러
출발하는 새와 말.
콩 크기로 축소됨.

또한 가장 단순한 생명체라 해도 그 속에는 놀라운
세계가 존재한답니다.

우리는 분자로 이루어진 **온 우주**이고,
약 7,000,000,000,000,000,000,000,000[=7000자(자는 10^{24})]개의 원자로
이루어져 있으며, 그 원자들은 **훨씬 더 많은** 아원자 입자들로 구성되어
있어요.

그리고 우리 몸을 이루는 모든 원자는 수십억 살이라는 사실을 잊지 마세요.
우리 몸의 수소 원자들은 **빅뱅**에서 탄생했으니까요.

예비 부품

한쪽 팔이나 다리를 잃어도 우리 몸은 여전히 활동을 하겠죠.
그렇지만 심장이나 폐가 없으면 그렇지 못해요.

다른 심장이나 폐가 필요하면
누군가 **자신의 것**을 줘야만 해요.

의사들은 심장 박동을 돕는 **심박 조율기** 같은 장치로
신체 일부를 대체할 수 있어요. 혈액을 맑게 해 주는 장치를
몸 밖에 달기도 하고요. 보통은 콩팥(신장)이 하는 일이지요.
하지만 뇌는 절대로 **대체할 수 없어요.**

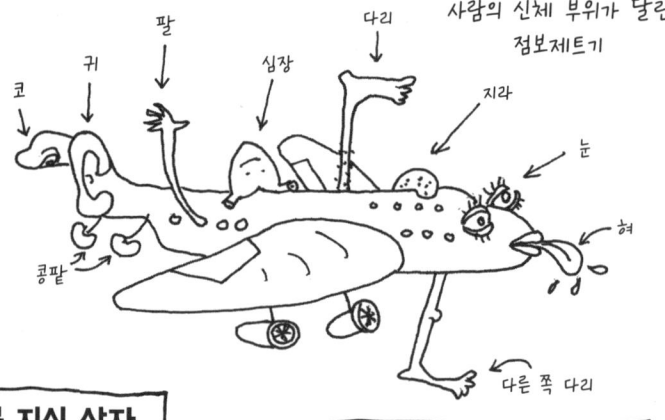

말이 그린 그림
사람의 신체 부위가 달린 점보제트기

만물 지식 상자

보통의 비행기에는 인간의 신체 부위가 하나도 없다. 하지만 사람의 발과 손을 대신해 주는 **의족과 의수**는 비행기를 구성하는 물질과 똑같이 가볍고 튼튼한 금속 및 플라스틱과 탄소 섬유로 만들어진다. 또한 3D 프린팅은 교체용 세포와 심지어 교체용 장기를 만드는 데에도 사용되고 있다. 따라서 앞으로는 필요할 때 우리 몸을 고치는 일이 더 쉬워질 것이다.

도마뱀은 꼬리가 잘려 나가도 다시 자라나요. 도롱뇽은 심지어 뇌까지 재생할 수 있지요. 우리는 피부나 간 일부와 같은 몇 가지만 재생이 가능해요. 해당하는 부위가 완전히 없어지지만 않으면요. 예를 들면 폐의 경우, 일부를 잃는다고 해도 생존은 가능해요. 숨을 잘 못 쉴 뿐이죠.

뇌와 척수는 **중추 신경계**를 구성해요.
신경 자극이라고 부르는 메시지들은 몸 곳곳을 돌아다니고, 몸과 뇌 사이의 척수를 따라 이동해요.
신경 세포(뉴런이라고도 불러요)는 전기 신호를 보내고 받아요.

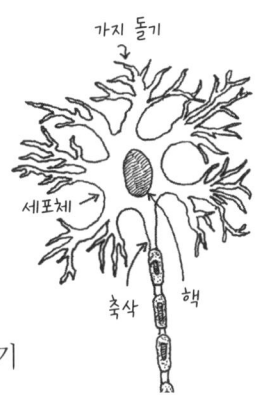

가지 돌기: 다른 세포에서 신호를 받아요.
세포체: 세포를 계속 작동시켜요.
핵: 뉴런 전체를 제어해요.
축삭: 신호를 다른 세포와 장기로 전달해요.

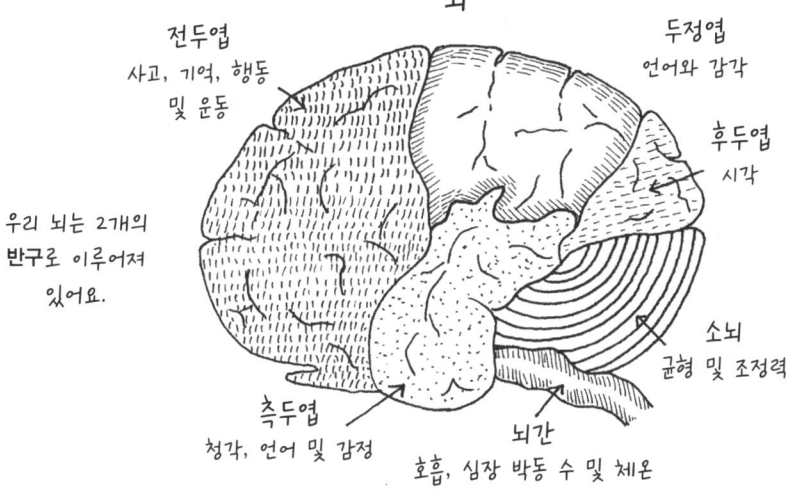

뇌

전두엽
사고, 기억, 행동 및 운동

두정엽
언어와 감각

후두엽
시각

소뇌
균형 및 조정력

측두엽
청각, 언어 및 감정

뇌간
호흡, 심장 박동 수 및 체온

우리 뇌는 2개의 **반구**로 이루어져 있어요.

통증조차도 하나의 전기 신호일 뿐이에요.
보통은 무언가가 잘못되었다는 경고이지요.
하지만 통증은 사람마다 달라요.
통증을 **느끼지 못하는** 사람도 있지만,
항상 통증을 느끼는 사람도 있어요.

아프면 말해!

근육 대 지방

지방 세포

여러분은 근육은 좋고, 지방은 나쁘다고 생각할지도 몰라요.

그렇지만 **지방**은 완충 작용을 하고, 우리 몸을 보호해 주며, 몸을 계속 따뜻하게 해 줘요. 비타민과 에너지를 저장하는 것과 같은 중요한 일도 하고요.

예전에는 먹거리를 찾는 일이 **어려웠어요.** 한동안 굶으면 지방한테 고마워하게 될 거예요.

골격근은 뼈를 당겨 움직이게 만들어요.

심근은 심장을 움직이게 해요.

장기에는 **평활근**이 붙어 있어요.

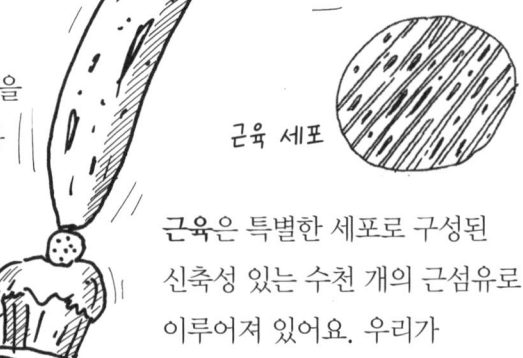

근육 세포

근육은 특별한 세포로 구성된 신축성 있는 수천 개의 근섬유로 이루어져 있어요. 우리가 통제하는 근육도 있고, 그렇지 못한 근육도 있어요. 심장처럼요.

근육은 단순히 물건을 들어 올릴 때만 쓰이는 게 아니에요. 얼굴에 있는 작은 근육들은 감정을 나타낼 수 있게 도와줘요. 가장 큰 근육은 **엉덩이 근육**이에요.

힘줄은 근육을 뼈에 붙이는 역할을 해요.

폭망한 진화

지금 우리는 저장 지방이 많이 필요하지는 않아요.
고대의 인간들처럼 탄탄하고 근육질일 필요도 없고요.

그런데 그보다 훨씬 쓸모가 덜한 신체 부위들도 있어요.

맹장은 소장과 대장 사이에 있어요.
본래는 하는 일이 있었을 거예요.
그런데 지금은 아무 일도 하지 않아요.
의사가 수술로 제거하도록 가끔
터지는 것만 빼면요.

우리 척추 끝에 있는 작은 뼈들도 쓸모와는
가장 거리가 멀어요. 옛날 조상들에게 있던
꼬리가 사라지고 남은 흔적이거든요.

만물 지식 상자

진화를 통해 우리에게는 없는 능력을 갖추게 된 동물들도 많다. 인간은 지도를 만들어서 읽을 수 있지만, 비둘기의 뇌에는 지구 자기장을 읽고 그 자기장으로 길을 찾을 수 있는 부위가 있다. 뱀의 눈과 뇌에는 마치 적외선 카메라처럼 열을 감지하는 부분이 있어서 캄캄한 밤에도 사냥을 할 수 있다. 벌은 미세한 전기장을 감지해 꽃을 찾아가기도 한다. 그리고 돌고래와 박쥐는 **소나**(SONAR: 음파 탐지기)라고 하는 초음파를 이용해 어두운 물속에서도 주변의 물체를 감지한다.

뇌가 대장이야

인간의 **말**과 언어는 매우 복잡해서 뇌 곳곳의 많은 영역을 사용해요.
실제로 소리를 내는 부위는 목구멍 속의 **후두**예요.
그러나 우리의 생각을 낱말로 바꿔 주는 건
전두엽의 왼쪽 반구에 있는 작은 부분이에요.

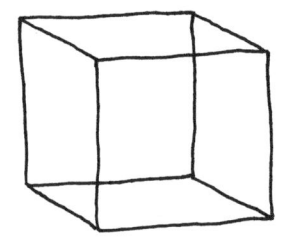

뇌의 또 다른 부분들은 감각에서
전달받은 것에서 의미를 만들어 내요.
눈과 뇌는 **특히나** 빠르게 소통을
해야만 해요. **착시 현상**은 뇌가 속거나
혼란스러울 때 일어나요.

20초 동안 이 정육면체를 보세요. 어떤
면이 앞에 있는 것처럼 보이나요?
대부분은 처음에 생각한 면에서 다른
면으로 바뀌어 보인다고 해요.

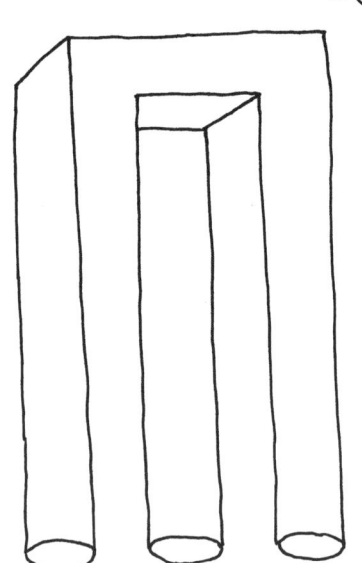

이 그림은 아주 헷갈려요.
도대체 말이 되는
그림인가요? 글쎄요.

저 그림을 보니까 머리가 아파.

난 너 때문에 등이 아파!

인간의 뇌는 꽤 커요. 보통 1.5kg 정도 되지요.
하지만 인간의 뇌를 특별하게 만드는 건 뇌의 크기가 아니에요.
그 주인공이 무엇인지는 아무도 정확히 알지 못해요.

시각은 당신의 초감각이에요.
눈은 **정말 놀라워요.**

홍채는 눈알 중 색깔이 있는 부분이고, **동공**은 빛의 양을 조절해요.

빛이 굴곡진 수정체를 통과하면, 수정체는 눈에 보이는 상을 거꾸로 뒤집어요. 우리 눈 속에서 일어나는 일이지만 똑똑한 뇌는 그것을 구별해 낸답니다.

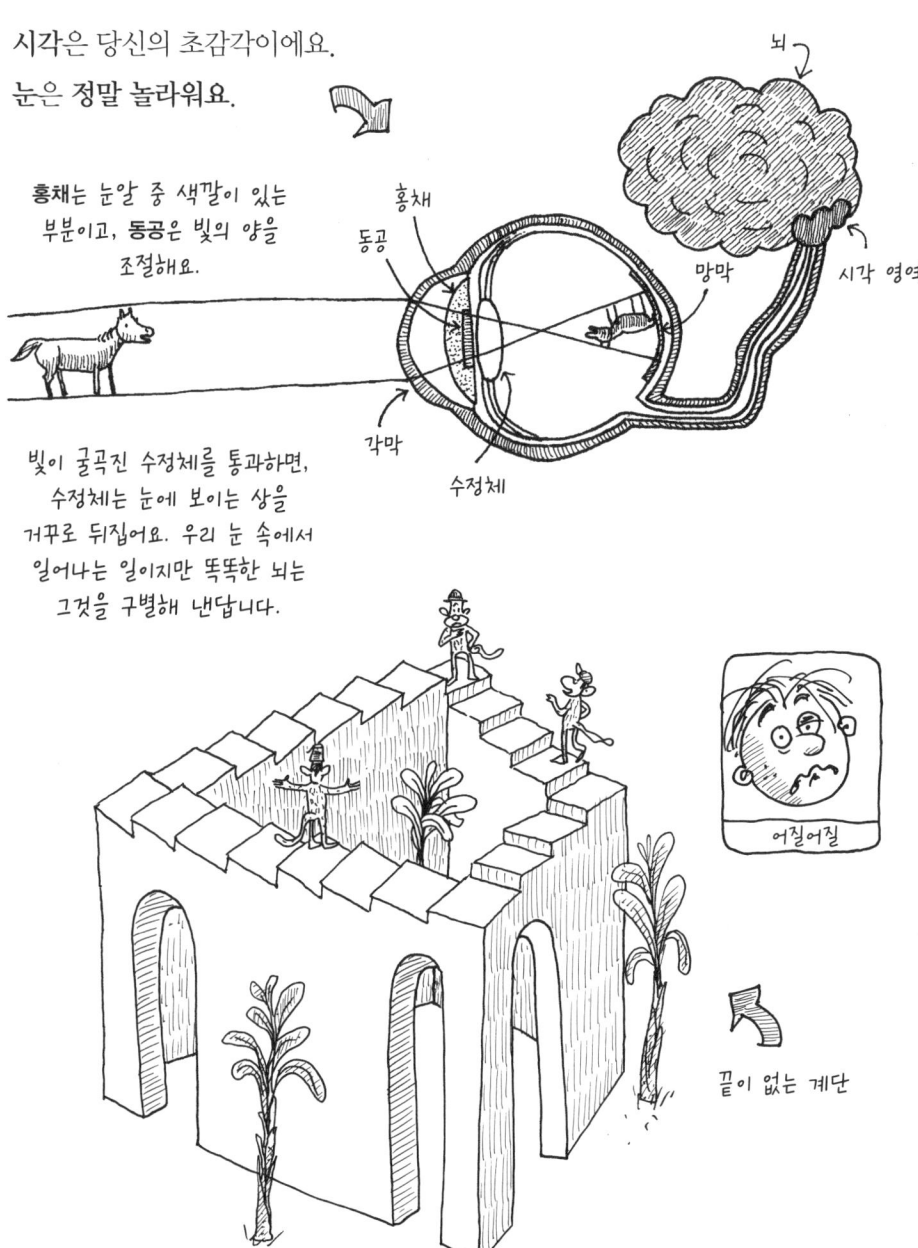

끝이 없는 계단

말처럼

우리가 신나는 일을 하면 **신경 전달 물질**이라고
하는 뇌 화학 물질이 나와요.
그러면 기분이 좋아지고 웃음을 짓게 되지요.

행복하다.

화나다.

화와 공포도 크게
다르지 않아요.
화와 공포를 만드는 특별한
신경 전달 물질도 있거든요.

위험에 대한 우리 몸의 자동 반응을 **투쟁**, **도피**,
경직이라고 불러요. 옛날에 오로크스*에게
쫓길 때 **매우** 유용했지요.

호흡이 빨라지고,
심장 박동도 빨라져요.
모든 감각에 비상이 걸리죠.
모든 에너지가 **우리의 생존을 돕기 위해** 움직여요.

안타깝게도 그런 반응은 때때로 심각한 위험에 처하지 **않아도**
일어나곤 해요. 우리는 그것을 공황 상태 또는 스트레스라고 불러요.

* 오로크스: 소과의 멸종된 포유류로. 몸높이가 약 1.8m에 이른다.

뇌는 우리가 모르는 사이에 **많은 일**을 해요.
뇌간은 호흡, 삼킴, 심장 박동 수 및 **의식**과 같은 **필수적인** 일들을 담당해요.

의식한다는 것은 사물을 인식하고 그것에 반응한다는 거예요.

잠을 잘 때는 의식이 없어요. 그런데 자면서
걸어 다니는 사람도 있어요. 그리고 우리 몸은
잠을 자면서도 **아주 바빠요**.
자라고, 고치고, 기억을 저장하고, 꿈을 꾸고….

돌고래는 한 번에 뇌의 절반만
잠을 자요. 덕분에 계속해서
헤엄을 칠 수 있지요.

말은 선 채로 잠을 자요.
먹잇감이 되지 않기 위해서예요.

새는 나뭇가지에 앉아서 자요.
잠을 자면 떨어지지 않게 발가락이
오그라들며 나뭇가지를 움켜쥐지요.

안타깝게도 우리는 서서 자지도, 앉아서 자지도 못한답니다!

참 신기하지 않나요?

우리의 모든 것,

심지어 우리의 생각, 감정, 성격까지도 화학 반응과 뇌의 전기 신호에 따른
결과라는 사실이요.

감각

꿈이 꼭 진짜 같을 때가 있어요.
실제로 보고 듣고 만지고 맛보고 냄새를 맡는 것 같지요.
깨어 있을 때도 모든 사람이 똑같은 방식으로 삶을 경험하는 것은 아니에요.

청각은 시각 다음으로 좋은 감각이에요. 물체의 진동으로 발생한 소리는 **귀**로 들어가 **외이도**를 따라 이동해요. 그것들이 **고막**을 진동하게 하지요.

오페라

이 부분의 부드럽고 아주 작은 털들은 우리가 움직이면 같이 움직여요. 메시지가 **전정 신경**을 타고 뇌로 올라가 몸이 균형을 잡을 수 있도록 도와줘요.

소리는 달팽이관에서 뇌로 가는 신호로 변환돼요.

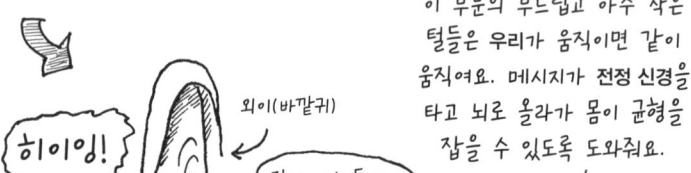

히이잉!

말아, 안 들려. 더 크게!

외이(바깥귀)

외이도

고막

청신경
(뇌로 가요.)

(말의 목을 쉬게 만들려는 새)

귀털

인간의 피부에는 신경 말단이 많이 있어서 우리가 무엇을 만지는지 알려 줘요.
우리는 온도, 압력, 질감과 같은 것들에 대해 알아야 하고, 간지럼, 가려움, 통증과 같은 것들을 느낄 필요가 있어요.

칠판을 긁는 손톱

물에 젖은 개 냄새

만물 지식 상자

많은 동물이 **페로몬**이라고 불리는 화학 물질로 의사소통을 한다. 그들은 냄새로 **많은** 이야기를 나눈다. 개들이 나무에 오줌 편지를 남기는 것도 그 때문이다. 개미가 다른 개미들에게 음식의 위치를 알려 주기 위해 흔적을 남길 수 있는 것도 페로몬 덕분이다. 우리는 다행스럽게도, 동물들이 대부분 분비하는 페로몬 냄새를 맡을 수 없다. 우리한테도 페로몬은 있지만 많이 쓰지는 않는다.

유전자에 따라 어떤 사람들은 남들이 느끼지 못하는 맛을 느끼기도 하고, 남들이 맡지 못하는 냄새를 맡기도 해요. 사람마다 다 달라요. 눈은 멀쩡한데, 뇌에서 시각을 다루는 부분이 잘 작동하지 않을 수도 있고요. 공감각*이 있으면, 소리에서 색을 느끼기도 해요. 뇌의 2개 또는 그 이상의 부분이 하나의 감각과 연결되어 있기 때문이지요.

우리의 코는 공기 중의 작은 입자들을 끌어당겨요. 우리는 상어 같은 동물들보다 **냄새를 잘 맡지 못해요**. 상어는 코로 숨을 쉬지 않아요. 냄새라면 100% 놓치지 않는, **냄새 맡는 기계**이지요. 상어는 뇌의 약 3분의 2가 후각을 담당하니까요.

사람들은 대부분이 후각의 중요성을 잘 **깨닫지** 못해요.

혀에는 약 1만 개의 작은 돌기들이 있어요. 그 돌기들을 **미뢰**라고 해요. 우리는 짠맛, 쓴맛, 신맛, 단맛, 감칠맛을 가려낼 수 있어요. 그런데 **미각**은 후각과 촉각이 결합했을 때 더욱 강력해진답니다.

*모자 쓴 큰 상어가 정답. 냄새가 지독한 생치즈는 1번에 있음.

* 공감각: 어떤 하나의 감각이 다른 영역의 감각을 일으키는 일. 또는 그렇게 일으켜진 감각. 소리를 들으면 빛깔이 느껴지는 것 따위이다.

피부는 훌륭해요

우리 피부의 바깥층은 방수 효과가 있어요. 흐물흐물한 부분을 피부가 전부 잡아 주지요.

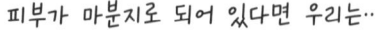
피부가 마분지로 되어 있다면 우리는…

샤워를 못 하고,

수영을 못 하고,

밀크셰이크를 못 마셔요.

우리 피부는 다른 동물들의 피부와는 질감이 달라요.
두께도 약 4mm에 지나지 않죠.
어떤 고래는 피부 두께가 35cm에 달해요.

우리는 피부가 아주 조금씩 떨어져 나가요.
거미처럼 한 번에 벗지 않지요.

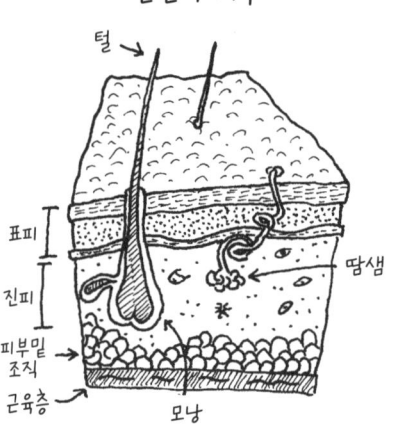
인간의 피부

우리의 피부 세포는 **멜라닌**이라고 하는 화학 물질을 만들어요. 그러면 피부색이 생겨요. 그런데 문어는 색맹인데도, 주변의 색깔을 탐지하고 인식해 **어떤** 색으로든 변할 수 있어요.

인간의 피부는 **땀**을 잘 흘려요. 땀은 냄새는 좀 나지만 매우 유용해요. 우리 몸을 식혀서 다른 포유동물들처럼 헐떡거리거나 진흙탕에서 몸을 굴릴 필요가 없게 해 주니까요.

170

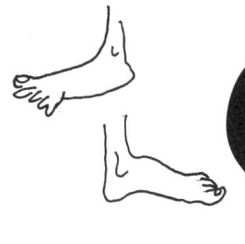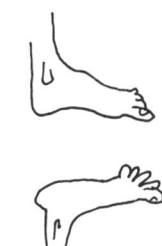

든든한 발과 편리한 손

우리가 동물의 왕국에서 가장 예민한 감각을 지녔다고는 볼 수 없을 거예요. 대신 **그 어떤 동물보다 놀라운 손이** 있지요.

우리는 강한 주먹을 만들고 꽉 쥘 수도 있어요. 우리의 영리한 손가락은 글을 쓰고 바느질을 하고 기계를 만드는 일처럼 정말 세부적인 작업을 해낼 수 있어요. 손가락도 힘이 세요. 어떤 곡예사들은 손가락만으로 온몸의 균형을 잡기도 하잖아요.

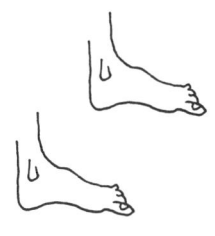

두 발로 걷는 일은 **어려워요**. 귀와 눈과 근육이 뇌와 끊임없이 소통을 해야만 두 발로 균형을 잡을 수 있어요.

우리의 짧은 **발가락**은 달리기에 안성맞춤이에요. 발뒤꿈치에 있는 특별한 지방은 발의 뼈를 보호해 줘요. 만약 조상들이 두 발로 걷지 않았다면, 우리는 손을 진화시키지 못했을 거예요. 걷는 데 손을 써야 했을 테니까요.

만물 지식 상자

네 손가락과 엄지손가락이 모여 하나의 손을 이룬다. 코알라는 손과 손가락이 우리와 많이 닮았지만, 평평한 손톱 대신 발톱이 달렸다. 손은 영장류한테만 있는 게 보통이지만, 종종 손처럼 작동하는 발을 가진 동물들도 있다. 그 밖의 동물들은 물체를 움켜쥐는 꼬리가 있기도 하고, 날카로운 발톱이나 갈고리 모양의 발톱이 달려 있기도 하다.

머리카락, 손톱, 이

동물은 **털**이 굵을수록, 그리고 그 털이 **기름질수록** 몸이 더 따뜻할 거예요. 인간은 거의 모든 곳에 털이 있어요. 손바닥과 발바닥, 눈꺼풀과 입술만 빼고요. 털이 숭숭 난 입술이라니!

털은 빠지고 다시 자라나요. 너무 작아서 잘 보이질 않지요. 남자는 수사자의 갈기처럼 수염이 자라나요. 안타깝게도 우리에겐 다른 동물들에게 있는 기다랗고 **뻣뻣한 수염**이 없어요. 그 수염엔 특별한 감각 능력이 있지요.

머리카락과 **손톱**(동물의 뿔, 발톱, 발굽)은 모두 케라틴으로 이루어져 있어요. 발굽은 서 있을 수 있게 몸을 지탱해 주는 발톱일 뿐이에요. 동물의 발톱은 구부러져 있고 **날카로워요**.

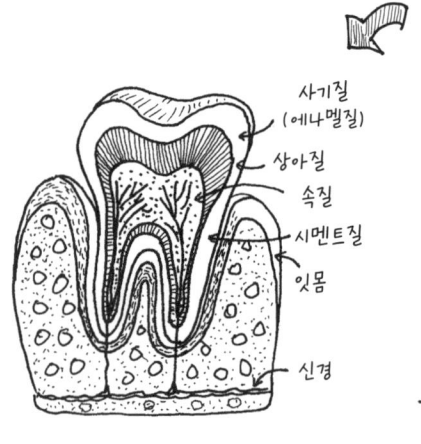

이의 가장 바깥층은 우리 몸에서 **가장 단단한 부분**이에요. **사기질**로 안전하게 보호받는 속 부분이 이의 살아 있는 부분이고요.

인간은 잡식성이에요.
그래서 우리에게는 육식성 치아와 초식성 치아가 함께 있어요.
납작한 **어금니**는 음식을 잘게 부숴요. 뾰족한 **송곳니**는 음식을 찢어요.
앞니는 음식을 잘게 잘라요.

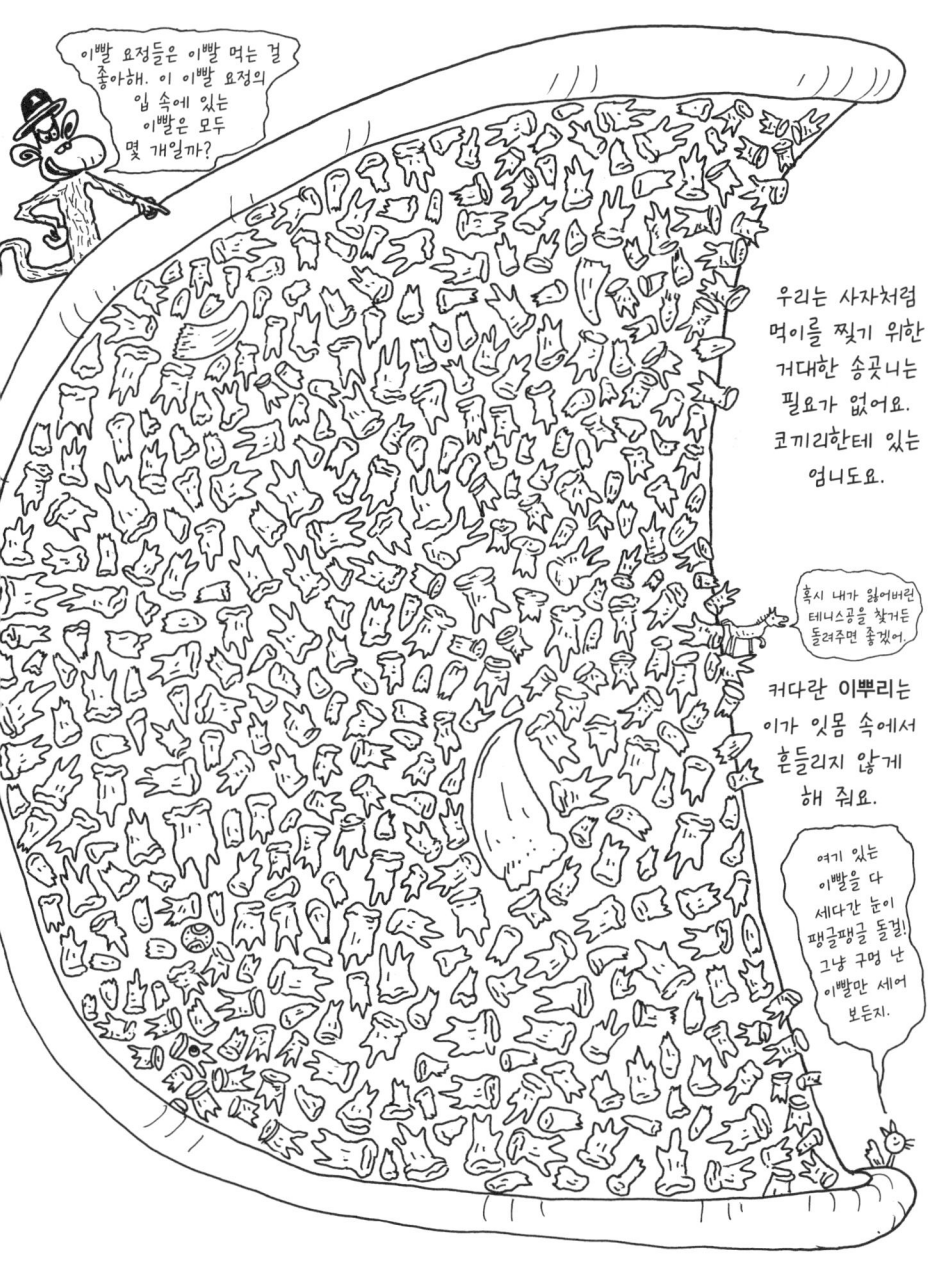

기관계, 기관, 조직

우리 몸이 세포로 이루어져 있다는 사실은 이미 잘 알고 있을 거예요. 그런데 그 세포들이 얼마나 **작은지**는 모를걸요. 그 세포들이 하나의 **커다란 사람 모양**으로 서로 달라붙어 있는 게 아니라는 것도요.

세포는 **조직**을 구성해요('조직의 쓴맛'과는 상관이 없답니다).

세포 　　　 조직

조직은 **기관**을 구성해요(증기 기관차와는 상관이 없답니다).

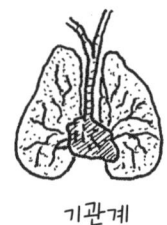 

기관계 　　　 기관

그리고 기관은 **기관계**를 구성하지요.

만물 지식 상자

인체의 주요 기관계는 순환계, 소화계, 배설계, 내분비계, 외피계, 면역계 및 림프계, 근육계, 신경계, 콩팥 및 비뇨기계, 생식계, 호흡계, 골격계로 구성된다. 모두 우리의 건강과 생명을 유지하기 위해 함께 일한다.

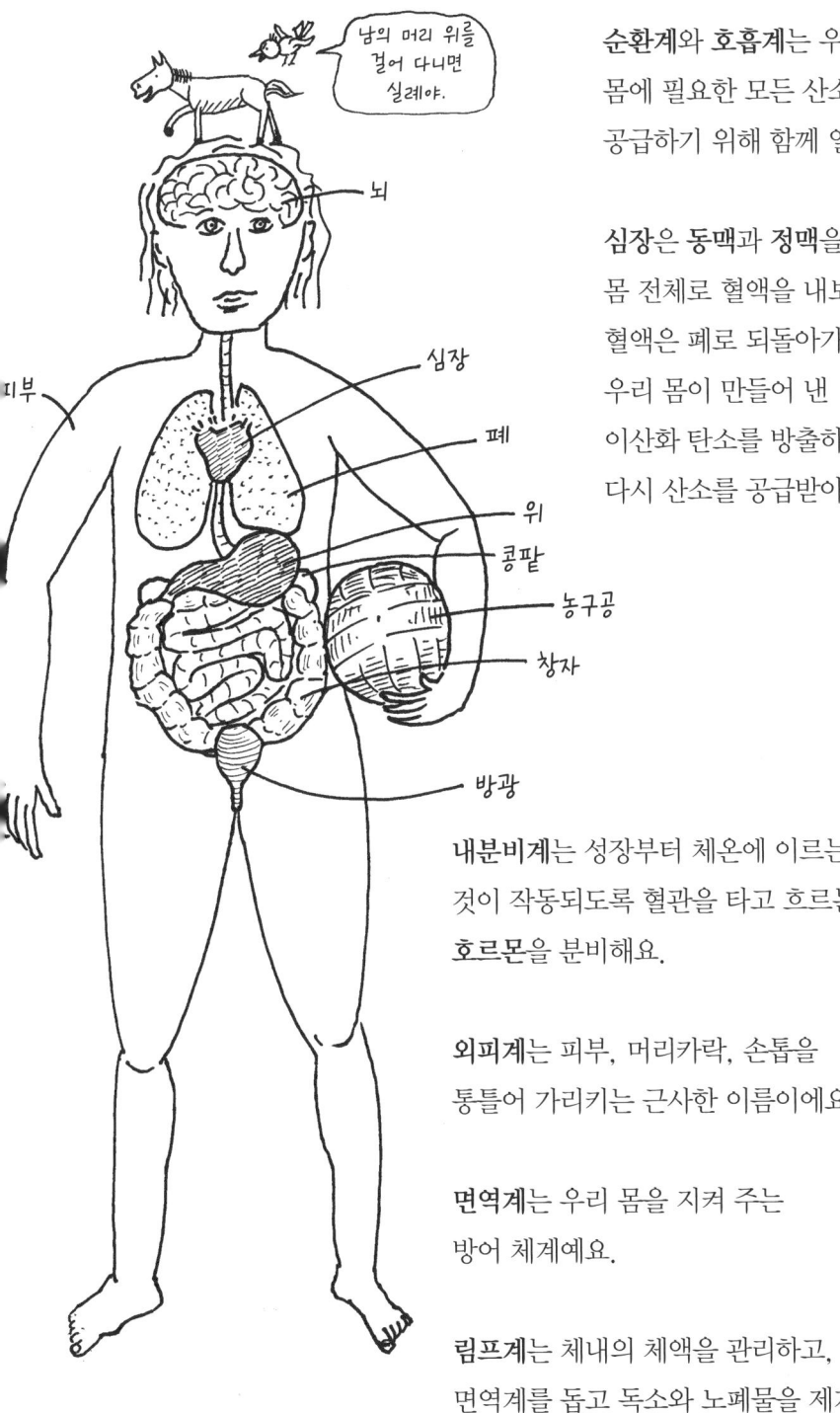

순환계와 **호흡계**는 우리 몸에 필요한 모든 산소를 공급하기 위해 함께 일해요.

심장은 **동맥**과 **정맥**을 통해 몸 전체로 혈액을 내보내요. 혈액은 폐로 되돌아가 우리 몸이 만들어 낸 이산화 탄소를 방출하고 다시 산소를 공급받아요.

내분비계는 성장부터 체온에 이르는 모든 것이 작동되도록 혈관을 타고 흐르는 **호르몬**을 분비해요.

외피계는 피부, 머리카락, 손톱을 통틀어 가리키는 근사한 이름이에요.

면역계는 우리 몸을 지켜 주는 방어 체계예요.

림프계는 체내의 체액을 관리하고, 면역계를 돕고 독소와 노폐물을 제거해요.

똥과 오줌

똥이랑 오줌보다 더 웃기는 게 있을까요? **절대 없어요!** 우리의 **소화계**와 **배설계**는 **아주 재미있어요. 콩팥** 및 **비뇨기계**도 매우 흥미롭지요. 그런데 여러분, 그것들이 어떻게 작동하는지 알고 있나요?

벌레의 소화 및 배설계는 하나의 긴 관으로 이루어져 있어요.
한쪽 끝으로 음식이 들어가요. 반대쪽 끝에서 똥이 나와요.
벌레는 이빨은 없지만, 대신 **사낭**(모래주머니)이 있어요.
벌레가 작은 돌들을 삼키면, 그 돌들이 사낭 속에서 먹이를 잘게 부수지요!

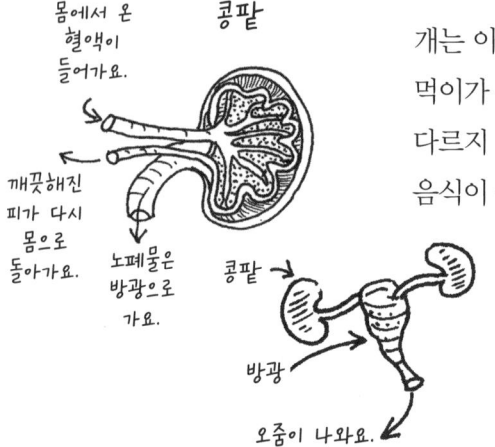

개는 이빨도 있고 내장도 더 복잡하지만, 먹이가 들어가고 똥으로 나온다는 점은 크게 다르지 않아요. 인간도 마찬가지잖아요. 음식이 들어가고 똥이 나오죠. 그러는 사이, 어떤 기관들은 음식에서 **영양분**을 취하고, 다른 기관들은 몸 밖으로 독소와 노폐물을 내보내요.

콩팥은 매우 중요해서 2개가 있어요. 불순물을 여과해 피를 맑게 해 주고, 나쁜 물질을 밖으로 배출해 주는 오줌도 만들어요.

위(胃)로 가는 길은 험난해요.
이로 씹은 음식은 긴 관을 따라 장으로
보내져요. 입에서 시작해서 항문에 이르는
길을 통틀어 **소화관**이라고 해요.

위는 음식을 휘젓고 소화액을 첨가해
음식을 소화할 준비를 해요.

유용한 박테리아가 일을 시작하지요. 음식은 **유미즙**이라고 하는
걸쭉한 혼합물이 되어 소장으로 들어가요.

소장에서는 **간, 담낭, 췌장**에서 나온 담즙과 효소가 음식을 분해해요.
이때 아미노산, 지방산, 단당, 비타민, 무기질과 같은 영양소들은
혈액으로 흡수돼요.

대장에서는 수분을 포함해 좋은 물질이 더 많이 혈류로 흡수돼요.

섬유질처럼 흡수되지 않고 남은 단단한 찌꺼기들은 대장의 마지막
부분에 저장돼요. 그것들이 무엇일까요? 네, 그건 바로…

그런데 햄버거는 어떻게 근육을 만드는 에너지와
우리 몸을 작동하게 만드는 화학 물질로 바뀌는 걸까요?
내가 먹은 음식이 곧 나를 만든답니다.

모든 생명체는 생존을 위해
필요한 것을 몸에서 만들거나 먹어야 해요.
에너지는 먹이 사슬을 따라 전달돼요. 우리가 식물을
먹으면, 식물이 광합성을 통해 만들어 낸 에너지를 얻을 수
있어요. 동물을 먹으면, 그들이 식물과 다른 생물들을 먹음으로써
생긴 에너지를 얻게 되고요.

우리가 먹는 음식은 탄수화물, 단백질, 지방질로 이루어져 있어요. 그것들은
우리 몸에 필요한 아미노산, 지방산, 단당, 비타민, 무기질을 줘요.

비타민에는 두 가지 종류가 있어요. 두 종류 모두 필요하지요.
비타민 C라고 들어 봤을 거예요. 비타민 C는 **수용성 비타민**이에요.
수용성 비타민은 몸에 저장되지 않아서, 거의 하루도 빠짐없이
과일과 채소를 먹어야 해요. 다른 하나는 **지용성 비타민**이에요.
식물은 땅에서 철분이나 칼슘 같은 무기질을 흡수해요.
우리는 식물을 먹음으로써 무기질을 얻을 수 있어요.
흙을 핥아 먹지 않아도 된다는 얘기예요.

우리는 물도 많이 필요해요. 몸의 모든 부분이 제대로 작동하려면 물이 꼭 있어야 하는데, 땀을 흘리고, 물질을 소화하고, 햄버거를 보고 침을 흘리는 순간에도 수분은 끊임없이 빠져나가기 때문이지요.

음식 속 **탄수화물**은 우리에게 에너지를 주어요. 탄수화물은 (대체로) 달지 않은 천연 **당**이에요.

우리는 여분의 에너지를 두 곳에 저장할 수 있어요. 근육 속에는 짧게, 지방 속에는 길게요. 음식 없이도 몇 주를 버틸 수 있는 이유가 이러한 신체의 에너지 저장 능력 덕분이에요. 그렇지만 물이 없으면 며칠밖에 못 버텨요.

지방질은 에너지와 영양분(지용성 비타민과 같은)을 저장하는 **지방산**을 공급해 주어요. 또한 단백질이 제 역할을 하도록 도와주지요.

단백질은 정말로 아주아주 유용한 물질이에요. 우리 몸에는 1만 개 이상의 다양한 단백질이 있어요.

단백질은 세포를 이루는 **주요 성분**이에요. 또한 뇌와 인체 부위를 오가는 메시지는 물론, 산소와 같은 다른 분자들을 운반하지요. 세포가 만드는 단백질의 종류에 따라 하는 일도 달라져요.

만물 지식 상자

건강에 좋은 음식과 건강에 좋지 않은 음식이 있다. 좋은 당과 지방이 있고, 나쁜 당과 지방이 있다. 천연 음식일수록 우리 몸에 유용하다. 하지만 어떤 음식은 박테리아를 옮기기도 하고, 독성이 있을 수도 있으며, **알레르기**를 일으키는 물질이 되기도 한다.

바이러스는 전문가예요.
우리를 아프게 만드는 전문가!
바이러스 화석이란 건 없어서 언제 처음 나타났는지는 모르지만, 어떤 바이러스는 박테리아까지도 감염시켜요. 게다가 바이러스는 빠르게 진화해요.

이 혐오스러운 것들을 기억하나요?
이것들은 우리를 아프게 할 거예요.
심하면 우릴 죽게 만들 수도 있어요.

바이러스는 아주 작은 입자예요.
DNA 또는 RNA라고 불리는 핵산으로
이루어진 유전자를 가지고 있어요.

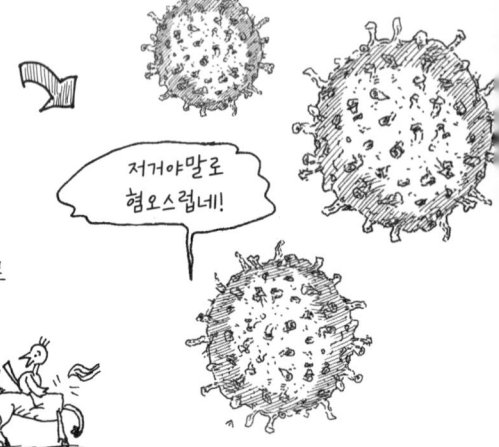

저거야말로 혐오스럽네!

에취!

바이러스는 우리의 세포를 이용해서 번식해요.
세포로 하여금 **자꾸자꾸** 더 많은 바이러스 입자를 만들게 하거든요.
하나의 세포를 **파괴**하고 나온 바이러스는 다른 세포들을 공격하기 시작해요.

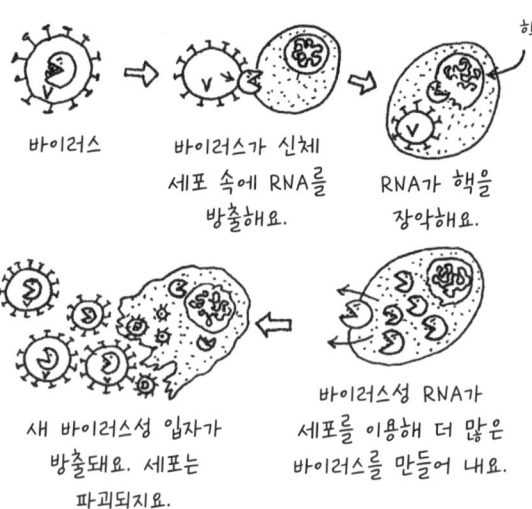

바이러스 → 바이러스가 신체 세포 속에 RNA를 방출해요. → RNA가 핵을 장악해요.

바이러스성 RNA가 세포를 이용해 더 많은 바이러스를 만들어 내요.

새 바이러스성 입자가 방출돼요. 세포는 파괴되지요.

그러면 우리 몸은 바이러스를 막기 위해 열심히 일을 해요. 코의 **점액**과 코털은 먼지와 세균을 가둬요. 코의 점액은 위로 흘러 들어가요. 그러면 위에서 산과 유용한 박테리아가 세균을 없애 주지요.
침은 입 안의 세균을 죽이고, 짠 **눈물**은 눈에서 먼지나 오염 물질을 씻어 내요.

열은 바이러스를 죽일 수 있어요. 비누도 마찬가지예요. 비누가 바이러스 겉면의 지방층을 녹여 파괴하기 때문이지요. 대부분의 바이러스는 세포 밖에서 오래 살 수 없어요. 우리 몸은 한번 바이러스와 싸우면 면역성이 생길 수 있어요. 그게 바로 예방 접종의 원리예요. 예방 접종은 우리 몸에 아직 감염되지 않은 바이러스와 싸우는 법을 가르쳐 줘요.

아프면 나타나는 온갖 불쾌한 것들은 대부분 우리 몸의 회복을 도와줘요.

우리의 면역 체계는 세균과 싸우기 위해 체온을 올려요. 그러면 이상하게 몸이 **춥고** 떨릴 수 있어요. 그렇지만 너무 높은 **열**은 위험할 수도 있지요.

점액이 **많으면** 세균을 **더 많이** 없앨 수 있어요. 목이 아프거나 붓고, 콧물이 나오는 것도 그런 까닭이지요. 세균을 몸 밖으로 내보내려고 재채기도 하고 기침도 하는 거예요.

구토는 무섭고 지저분해요. 보통은 소화계가 위험한 것을 제거하려고 하는 행동이지요. 심지어 **설사**도 몸을 깨끗이 청소해 줘요. 설사를 하면 효과가 있어서 몸이 나을 때가 많아요.

> **만물 지식 상자**
>
> 때때로 바이러스가 일으키는 피해가 너무 커서 나쁜 박테리아가 쉽게 자리를 잡기도 한다. 그럴 때는 **항생제**가 필요하다. 항생제는 바이러스를 죽이거나 우리 몸을 더 빨리 낫게 해 주지는 못한다. 항생제는 박테리아만 처리한다. 바이러스를 처리해 주는 **항바이러스제**라고 하는 약은 바이러스를 죽이지는 않지만, 바이러스가 세포를 공격하는 것을 막아 주기 때문에 죽이는 것과 똑같은 효과를 볼 수 있다.

기관계는 슈퍼 영웅

적혈구는 우리 몸으로 산소를 운반하고, **백혈구**는 감염과 싸워요.
혈소판은 혈액 속에 있는 특별한 종류의 단백질이에요.

우리가 피를 흘리면 혈소판이 구조하러 달려가요.
혈소판은 손상된 부위에 달라붙어 피를 **엉기게** 만들어요.
응고된 피는 피부 위에서 **딱지**로 변해요.

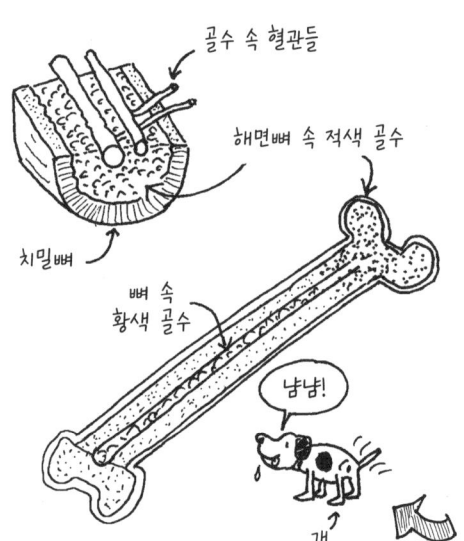

피부 세포가 다시 자라나면 딱지가 떨어져요.

멍은 피부 **아래**에서 출혈이 일어나 맺힌 피예요.

우리 몸은 뼈도 고칠 수 있어요.
부러진 곳 주변에는 혈전이 생겨요.

그러면 **굳은살**이라고 불리는 더 튼튼해진 뼈조직이 만들어져서
뼈를 낫게 하고 단단히 고정해 주지요.

모기는 우리 몸을 물 때, 피를 빨고 혈액의 응고를
막는 침을 주입해요!
물린 부위의 주변 세포들은 **히스타민**을 분비하고,
히스타민은 혈관을 넓혀서 백혈구를 불러들여요.
그래서 물린 부분이 빨갛게 부어오르고 간지러운
혹이 생길 수 있어요. 그러나 몸에서 과민 반응이
일어난다면 그건 **알레르기**라고 해요.

항히스타민제라는 약을 먹어야 하는 경우도 생겨요.

우리 몸은 무언가가 **좋은지 나쁜지** 잘 구별을 못 해요. 그것이 그곳에
있으면 안 된다는 것만 알죠. 그래서 설령 대체 장기가 **필요해도**
우리 몸이 거부할 수 있어요.

독은 우리 몸의 정상적인 작동 방식을
공격해요. 신경계를 공격하기도 하고요.
세포가 제대로 복구되는 것을 막는 일도
일어나죠. 나쁜 물질을 걸러내려는
간과 콩팥을 파괴할 수도 있어요.

이상하고 신기한 우리 몸

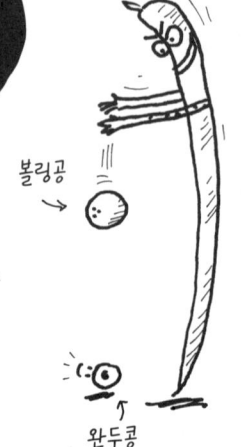

우리는 감각을 이용해서 먹어도 괜찮은 음식인지 아닌지를 알아내요. 상한 음식에서는 **악취**가 나요. 그러면 본능적으로 **나쁜 음식**이라는 것을 알지요.
그런데 우리는 다른 동물들처럼 복잡한 행동 양식을 타고나지는 못했어요. 배우지 않고는 둥지나 거미줄을 만들 수가 없지요. 인간에게는 기본적인 **반사 행동**만 있을 뿐이죠. 태어나자마자 물건을 잡을 수 있는 것도 하나의 예랍니다.

베타카로틴을 많이 먹으면 홍학처럼 피부가 주황색으로 변한다는 사실을 알고 있나요? 베타카로틴은 당근과 호박에 들어 있어요. 아스파라거스를 먹으면 오줌에서 이상한 냄새가 날 거예요. 비트와 딸기는 오줌을 **분홍색**으로 만들고요.
하지만 설탕을 많이 먹는다고 해서 더 힘이 나는 것은 아니에요. 그냥 **흥분할** 뿐이죠!

백혈구는 실제로 세균과 손상되고 죽은 세포를 '먹어 치워요'. 이러한 과정에서 수명을 다하고 찌꺼기처럼 남은 백혈구가 바로 **고름**이에요.
여드름에는 박테리아가 들어 있어서 여드름을 터뜨리면 새로 난 상처에 박테리아를 더 밀어 넣는 셈이에요. 고름은 **끔찍하지** 않아요. 끔찍한 건 바로 여드름을 짠 여러분이랍니다!

소름은 우리 몸에 난 털 주변의 아주 작은 근육들이 긴장을 해서 생겨요. 추울 때나 무서울 때 털 주변을 부풀리면 그 주위로 열을 잡아 둘 수 있어서 유용하지요.

딸꾹질은 호흡 작용을 돕는 근육인 **횡격막**이 경련을 일으키는 현상이에요. 횡격막은 위 바로 위쪽에 있어요. 보통은 위가 팽창했을 때 딸꾹질을 해요.

캡사이신이라고 하는 고추 속의 화학 물질은 열을 감지하는 입 안의 신경을 자극해요. 고추는 우리가 화상을 입었다고 믿게끔 뇌를 속여요. 포유동물에게는 통하지만, 새한테는 통하지 않지요. 고추는 피부 속의 신경도 속일 수 있어요. 우리 눈도 속이지요. 그러니 무턱대고 **만지지 마세요**!

털집진드기

진드기는 작은 곤충이에요. 먼지진드기는 집 곳곳에 떨어진 각질을 먹고 살아요. 재채기가 나는 건 먼지 때문이 **아니라**, 먼지진드기에 대한 알레르기 때문이에요.

사람의 피부에 사는 진드기는 대부분 가려움을 일으켜요. 하지만 몸이 투명하고 아주 작으며 문제를 일으키지 않는 진드기도 있어요. 많은 사람들이 속눈썹에 진드기가 사는지조차 **모르고** 지내지요.

고추 한 양동이

우리 몸은 참으로 신기하고도 훌륭해요. 이렇게 만들려고 해도 만들 수 없지 않을까요?

5

우리가 만든 세계

인간은 정말 똑똑해요!

발명은 누군가 만들거나 고안해 낸 완전히 새로운 것을 말해요.
발견은 자연에서 무언가를 처음으로 찾아내는 것을 말하고요.

사람들은 불을 발견했어요. 당연한 말이지만, 불은 자연에서 생겨나니까요. 하지만 **불을 피우는 일**은 발명이었지요.

우리가 호모 사피엔스가 되기 훨씬 전에 누군가 막대기 2개를 비벼 댔어요. 그 마찰력을 이용해 연소를 일으켰지요. 덕분에 지금 우리는 자동차나 제트 엔진처럼 연소에 의존하는 다른 발명품들을 갖게 되었어요.

오늘날 **우리**는 작동의 원리를 설명해 주는 온갖 고차원적인 과학 용어들을 알고 있어요. 수천 년 전만 해도 **아무도** 몰랐죠. 아직 그러한 말들을 생각해 내지 못했으니까요. 그렇지만 그때도 사람들은 **아주 똑똑했어요**.

예를 들면, 4000년 전에 중앙아메리카에서는 고무줄과 공, 심지어 고무신까지 발명한 사람이 있었어요.

수액과 덩굴에서 짜낸 즙 종류를 이용해 처음으로 고무를 만들어 낸 거예요. 덕분에 지금의 자동차 타이어와 고무장화, 운동화가 발명되었지요.

발견은 발명으로 이어지고, 하나의 발명은 새로운 발명으로 이어져요. 발명가들은 화학과 물리 법칙, 마찰력, 전기학, 자력, 중력에 대한 지식을 이용해 연구와 실험을 해요.

그건 그냥 고분자 화학이라고, 친구. 별거 아냐.

열가소성 수지라고 들어 본 적 있나요? 고대 오스트레일리아인들은 그런 말을 들어 본 적이 없었어요. 그래도 어쨌든 그것을 발명한 사람들은 다름 아닌 그들이에요.

그들은 풀에서 나오는 수지로 방수가 되는 강력한 접착제를 만들었어요. 나무에 돌창도 붙일 수 있을 정도로 강력했지요.

모든 발견과 발명, 그리고 사람들이 가진 소통하고 협력하는 능력 덕분에 작은 공동체는 큰 공동체로 발전했어요.

난 토가*를 발명했어.

약 4000년 전, 몇몇 **사회**는 **제국**으로까지 성장했어요. 그 말은 곧, 그 제국들이 다른 사회를 지배한다는 뜻이었지요.

지금도 강대국들은 전쟁과 무역으로 제국을 건설하려고 해요.

* 토가: 고대 로마 시민이 입던 헐렁한 겉옷.

> **만물 지식 상자**
>
> **사회**는 같은 리더십 밑에서, 같은 언어를 사용하며, 비슷한 문화와 신념을 가지고, 같은 지역에서 함께 살아가는 사람들이 모인 큰 집단이다. 정부와 교육 체제 등을 공유하며, 다른 사회와는 차별화되는 가족 집단과 종교를 가지고 있다. 다른 사회들보다 더 다문화적인 사회도 있다.

아이디어도 발명이에요

중동 사람들은 약 6000년 전부터 기본적인 부호를 실제 글로 바꾸기 시작했어요. 젖은 점토에 자기들의 부호를 기록했지요. 거의 같은 시기에 이집트인들은 **상형 문자**를 만들었지만, 그 뒤 그들은 **상형 문자 못지않게 중요한 것**을 발명했어요. 그게 바로…

파피루스는 위대한 발명품이었어요. 파피루스는 갈대로 만들었는데, 가볍고 보관하기 쉬웠어요. 점토나 나무, 동물 가죽보다 쓰기가 좋았지요.

그 뒤, 약 3500년 전에 페니키아인이라고 불리는 영리한 장사꾼들이 **알파벳**을 발명했어요. 알파벳은 배우기가 쉬워요. 글자마다 일정한 뜻을 지닌 게 아니라 **말소리**를 그대로 나타내기 때문이에요. 글자들을 조합하면 **어떤** 낱말이라도 쓸 수 있어요. **수천 개**에 달하는 부호를 배울 필요가 없지요.

약 2000년 전에 중국 후한의 관리인 채륜이 종이를 발명했어요. 하지만 책 한 권을 쉽게 인쇄하기까지는 1440년까지 기다려야 했지요.

요하네스 구텐베르크라는 독일인이 틀 속에 배열할 수 있고, 재배열도 가능한 금속 활자를 발명했어요. 책의 각 장도 인쇄기로 여러 번 인쇄할 수 있었어요. 지금은 컴퓨터를 사용하지요!

수학은 인류의 가장 **강력한** 발명품 중에 하나예요. 수학은 우리가 아는 대부분의 과학 지식의 바탕이 되었으며, 발명을 가능하게 만들었어요. 많은 고대 숫자 체계는 열 손가락에 기반을 두고 있었어요. 그런데 약 1500년 전, 인도 수학자들이 **자릿값**과 **숫자 0**을 발명해서 모두의 삶을 더 간단하게 만들어 주었지요.

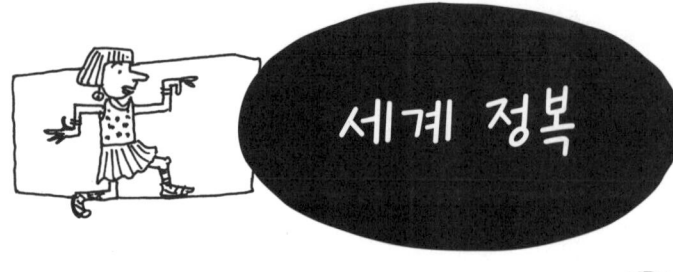

세계 정복

제국이 더욱더 부유해지고 강력해짐에 따라 더욱 복잡한 정부와 군대가 생겨났어요. 세계 정복을 다니면서 침략자들은 다른 나라 국민을 잘 대해 주지 않았어요. 고대 이집트 제국이나 페르시아, 그리스, 로마 제국에 대해 들어 봤지요? 중국의 진이나 한 같은 나라나 바이킹도 알 테고요. 그 어떤 제국도 영원하지는 못했어요. 한 제국이 힘을 잃으면 다른 제국이 그 힘을 가졌지요. 하지만 그들이 **근대 세계**의 꽤 많은 부분을 만들어 낸 것도 사실이에요.

그 뒤, 유럽인들은 **전 세계**를 항해할 수 있는 배를 발명했고, 최초의 **세계 제국**이 탄생했지요.

만물 지식 상자

기원전(BCE)은 서력기원 이전(Before Common Era), 서기(CE: '기원후'라고도 한다)는 서력기원(Common Era)의 줄임말이다. 기원전은 음수와 비슷한데, 예를 들어 BCE 2000년은 약 4000년 전이다. 중세 유럽인들은 날짜를 기록할 방법이 필요했다. 그들에게는 로마인들이 중요했기 때문에 기원전 1년과 서기 1년은 둘 다 로마 제국 시기이다. 0년은 없다. 현대에서 날짜를 쓸 때는 CE를 생략한다.

전쟁

역사를 통틀어, 사람들은 권력이나 돈이나 땅을 차지하려고 계속 싸웠어요. 종교가 그 원인일 때도 있었고요. 애석하게도 파이와 썩은 과일 때문에 전쟁을 벌이지는 **않았답니다.**

알몸도 괜찮아

요즘은 옷을 입는 게 법이에요. 하지만 처음부터 그랬던 것은 아니었어요.
따뜻한 지역의 문화에서는 굳이 옷을 입을 필요가 없었지요. 추운 지역의 고대인들도 몸을 따뜻하고 보송보송하게 하려고 동물 가죽 정도만 걸치고 다녔고요.

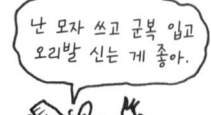

때때로 의복은 규칙의 하나가 돼요. 일할 때 부상을 입지 않게 보호해 주기도 하고요. 제복을 입어야 할 때도 있어요.

많은 문화에서 전통 관습의 하나로 고유한 의상을 입어요.

때로는 옷을 통해 나만의 개성을 표현하기도 하지요.

약 5000년 동안, 사람들은 양털을 자아서 **직물**을 만들었어요. 또 목화, 명주실, 대나무 실을 이용해 옷감을 짜거나 뜨기도 했지요.

그런데 나일론이나 폴리에스테르 같은 현대의 직물은 플라스틱으로 만들어져 있어요. 그것을 **합성 직물**이라고 해요.

초기 인류는 동굴에서 살았고 숨을 수 있는 곳을 은신처로 삼았어요. 그러다가 자신들만의 주거지를 만들기 시작했어요.

집을 짓자!

오늘날의 건물은 콘크리트, 강철, 유리, 벽돌과 나무로 만들어져요. 그러나 최초의 집들은 가까운 곳에서 찾아낸 천연 재료들로 지었어요.

나무와 나무껍질로 지은 집들도 있었어요. 나무틀이나 심지어는 고래 뼈 위에다 천이나 동물 가죽을 대서 지은 집들도 있었지요.

캐나다에 사는 이누이트는 얼음덩어리로 이글루를 지었어요. 이글루 안은 바람이 들어오지 않아서 늘 아늑했어요.

오늘날에는 대부분 주택이나 큰 아파트에서 살아요.

아니면 국제 우주 정거장에서 살기도 하지요.

국제 우주 정거장의 모습은 아님…. 아직은!

돈과 무역

팝니다

돈이 항상 은행 계좌 속 숫자였던 것은 아니에요. 또는 물건을 사기 위해 이용할 수 있는 카드였던 것도 아니었고요. 처음부터 동전과 지폐로 시작한 것도 아니었어요.

돈 이전에 **물물 교환**이 있었지요.
나한테 기술이 있다면, 기술을 이용해 나한테 필요한 닭 같은 것으로 바꿀 수가 있었어요. 닭이 있으면, 달걀이나 병아리처럼 필요한 다른 것들로 바꿀 수가 있었고요.

그런데 몇몇 고대인들이 기발한 생각을 해냈어요. 예를 들면 그들은 정해진 **값어치**만큼 소금이나 소를 주었어요. 그것으로 자기들이 **필요**한 다른 물건을 살 수 있었지요. 서로의 동의하에 조개껍데기, 특별한 표시를 한 돌멩이, 자국을 낸 막대기로 가치를 매긴 사회도 있었답니다. 큰 제국들이 생겨나면서부터는 금속으로 동전을 만들었어요. 그 이후로도 많은 변화가 있었지만 한 가지는 변하지 않았어요. 돈은 그 사회가 동의할 때만이 가치를 지닌다는 거예요.

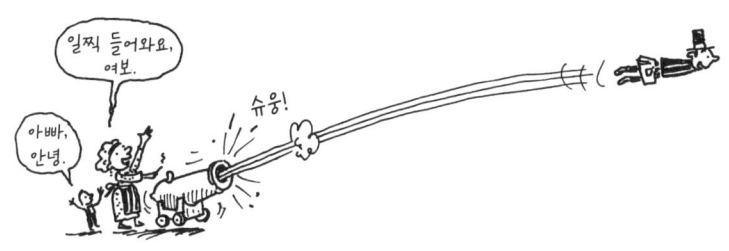

사람들은 기술과 시간을 돈과 교환해요. 그것을 **일**이라고 부르지요. 물건을 만들고 팔 수도 있어요.

한 나라의 **통화**를 다른 나라의 통화로 교환할 수도 있어요. 대한민국 돈 1000원은 영국의 파운드나 일본 엔화의 일정 금액의 가치와 똑같아요. 하지만 시간이 지나도 그 가치가 항상 **똑같은** 것은 아니에요.

나라들은 항상 물건을 사고팔아요. 그것을 **세계 무역**이라고 해요.

전화기는 전 세계에서 채굴되거나, 재활용되거나, 또는 생산된 **원자재**로 구성되어 있어요. 원자재는 더 많은 나라에서 조립되어 **부품**이 되지요. 그 부품들은 다시 조립을 위해 한 나라로 **운송돼요**. 그렇게 완성된 전화기는 판매를 위해 **전 세계**로 보내져요. 그것을 **공급망**이라고 해요.

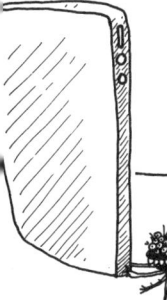

만물 지식 상자

외국에서 물건을 구매해서 가져오는 것은 **수입**이다. 물건을 외국으로 보내는 것은 **수출**이다. 보통 수출이나 수입을 하려면 정부에 **세금**을 내야 한다. 세금은 우리가 돈을 벌거나, 때로는 돈을 쓸 때 정부에 내는 돈으로, 나라마다 다르다.

식사를 하고…

요즘엔 음식도 과학이에요. 사람들은 방부제, 통조림, 유리병, 진공 포장 용기를 발명했고, 따라서 음식을 저장할 수 있으니 다시는 굶주릴 일이 없지요.

음식을 익히면 소화가 쉬워지고 몸에 나쁜 박테리아도 죽어요. 하지만 치즈와 요구르트 같은 음식에는 유익한 박테리아를 **첨가해요**. 또 빵에는 **이스트**라고 하는 균을 첨가하기 때문에 잘 부풀어 오르지요.

 콩
 커피
 감자
 감자칩

우리는 플라스틱 통 속에 음식을 담고 색과 맛, 질감을 바꾸기 위해 화학 물질도 첨가해요.

 옥수수
 팝콘

과거에는 우리가 먹을 수 있는 약이라곤 식물밖에 없었어요. 팝콘이나 감자 칩을 처방전으로 쓴 의사는 **아무도 없었지요**.

토마토

파스타 소스

정말 심각한 몇몇 질병들은 신선한 과일과 채소가 빠진 식습관 때문에 생겨요. 이를테면 **괴혈병** 같은 병이 그래요. 섬뜩한 병이니까 찾아보지 마세요.

아보카도

구아카몰레*

겨자무

고추냉이

* 구아카몰레: 으깬 아보카도에 양파, 토마토, 고추 등을 섞어 만든 멕시코 소스.

과거엔 많은 사람들이 쉽게 죽었어요. 치아에 생긴 구멍과 베인 상처의 감염으로도 사망했으니까요. 안전한 수술이란 없었어요. 잘못된 곳을 확인하기 위한 검사조차 위험했지요. 바이러스를 예방해 주는 백신도 없었답니다.

약을 잘 챙겨 먹어요!

사람들 사이에서 보이지 않는 세균이 퍼진다는 생각을 처음으로 한 사람은 1362년 중동의 한 의사였어요. 하지만 아무도 믿지 않았지요.

지금으로부터 150년 전에조차 의사들은 **거머리**를 이용해 피를 뽑으면서도 손을 씻을 생각을 하지 않았어요.
사람들이 맨 먼저 발견한 약은 식물에 있었어요.
양귀비에서 찾아낸 진통제인 **아편**을 7000년 넘게 사용해 왔지요.
현재 우리가 먹는 약은 대부분 실험실에서 만들어진 화학 물질이에요.
하지만 가장 중요한 약 중에 하나는 우연히 발견된 균류였어요.

1928년, 매우 정신없는(그러나 매우 똑똑한) 어떤 과학자가 박테리아 표본 하나를 그대로 두고 나갔어요. 돌아와서 보니, 곰팡이가 박테리아를 먹어 치우고 있었지요. 그 곰팡이가 바로 최초의 항생제인 페니실린이에요.
페니실린은 **수백만 명**의 생명을 구했어요.

> **만물 지식 상자**
>
> 100년도 전에 루이 파스퇴르라는 프랑스인이 세균에 대한 모두의 생각을 바꾸어 놓았다. 파스퇴르는 자신의 **세균 유래설**을 음식과 약에 적용했다. 우유는 지금도 그가 발명한 **저온 살균**이라고 하는 과정을 통해 안전하게 마실 수 있도록 제조된다. 백신을 맞으면 아프지 않고 세균과 싸우는 우리 몸의 면역 체계를 돕는다는 사실을 기억하는지? 그것 또한 파스퇴르의 발명품이다.

토마토의 일생

어떤 음식은 먼 거리를 이동해서 우리를 만나요. 포장 식품에는 항상 제조된 장소가 적혀 있지만, 우리가 먹는 과일과 채소도 바다를 건너왔을 수 있어요.

물질과 재료

물건은 **잘못된 재료**가 아닌 알맞은 **재료**로 만들어야만 해요. 우리가 만들고 발명할 수 있는 것들은 이용 가능한 **물질**이 무엇인가에 따라 달라져요.

금속과 그 밖의 광물들은 **광석**이라고 불리는 암석에서 나와요. 대부분은 지하에서 **캐내지요**. 쓸모 있는 부분을 생산해 내려면 채굴된 광석을 녹여야 해요.

말 모양 헬륨 풍선

종이비행기 ←다리

납으로 만든 새

금속은 반짝거리고 밀도가 높아요. 전기와 열을 전도시키고 자성을 지니기도 해요. 우리가 가장 많이 사용하는 금속은 **철**이에요. 철의 유용성을 알게 된 뒤, 철은 우리의 삶을 **크게** 바꾸었어요. 그 시기를 철기 시대라고 불러요.

그런데 철을 다른 물질과 섞어서 **강철**을 만들면 매우 강해져요. 그것을 **합금**한다고 해요.

강철은 **어디에서든** 볼 수 있어요. 보석과 가전제품에서부터 거대한 기계들과 건물의 골조에 이르기까지요.

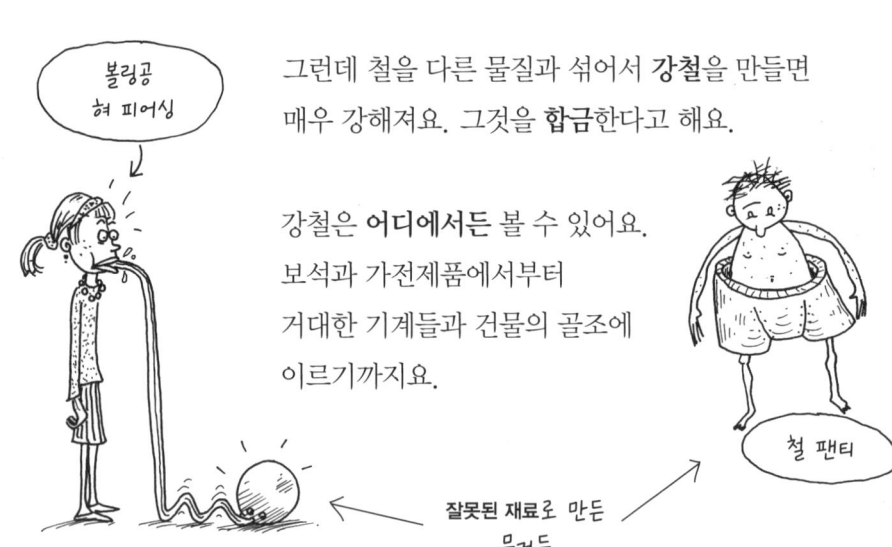

볼링공 혀 피어싱

잘못된 재료로 만든 물건들

철 팬티

쇠창살은 우리를 만들기에 알맞은 재료예요.

건물을 지을 때 가장 많이 사용하는 재료는 **콘크리트**예요. 콘크리트는 **시멘트**에 자갈이나 모래를 섞어 만든 혼합물이에요. 마르면 단단해지지요. 축축할 때 부으면 어떤 모양으로도 만들 수 있어요. 그런데 콘크리트가 튼튼한 것은 콘크리트 속에 세운 철근 덕분이랍니다.

유리는 모래로 만들어요. 모래를 엄청난 고온에서 녹였다가 다시 식히면 완전히 다른 물질이 되어서 아주 유용하게 쓸 수 있지요.

화학 물질로 만들 수 있는 것은 옷뿐이 아니에요. **플라스틱**은 석유와 석탄 같은 **화석 연료**로 만들어요. 플라스틱은 튼튼하고 방수가 되어서 매우 유용해요. 그리고 금속과는 달리 전류나 열을 전달하지 않아요. 주위를 둘러보면 플라스틱으로 만든 물건들이 보일 거예요.

자동차 부품, 메모리 폼 소파와 베개, 장난감과 옷, 섬유와 카펫, 페인트, 밧줄과 풀은 모두 플라스틱으로 만들어요.

만물 지식 상자

위에서 말한 물질 중에는 **생분해성** 물질이 하나도 없다. 그 어느 것도 분해가 되질 않는다. 훌륭한 분해자들인 박테리아와 지렁이와 구더기 들도 먹을 수 없는 물질인 데다 썩지도 않는다. 우리는 좋으나 싫으나 플라스틱과 영원히 함께 살아야만 한다. 그래도 재활용과 재사용은 가능하다.

화석 연료

과거 사회에서는 물건을 끌고, 당기고, 들어 올리는 일에 사람과 동물의 에너지를 사용했어요.

말과 황소와 코끼리는 그럴 때 매우 유용했어요.
지금은 코끼리는 크게 쓸모가 없어요.
빨래하는 날만 빼고요.

세탁기

깔깔라!

빨래하는 날의 행복한 코끼리

현재 우리가 사용하는 에너지는
대부분 연료를 태울 때 나와요.
탄소 원자가 우리 몸과 지구상의 모든
생명체를 구성하는 주요 요소라고 했던 말 기억하나요?
탄소 원자는 화석 연료의 주성분이기도 해요.

만물 지식 상자

화석 연료는 생성되려면 수백만 년이 걸리기 때문에 결국엔 석탄과 석유와 천연가스는 바닥이 날 것이다. 태양열, 풍력, 수력, 바이오매스*와 같은 **재생** 에너지 자원은 고갈되지 않는다. 햇빛, 바람, 물은 공기 중으로 해로운 화학 물질을 내보내지 않아서 가장 좋다. 바이오매스는 태워야 하긴 하지만 자원이 풍부하다. 나무나 가스, 또는 동물성 지방이나 식물로 만든 가연성 액체가 여기에 포함된다.

* 바이오매스: 환경 유해 물질을 많이 배출하지 않고 석유처럼 고갈되지 않으며 재사용 및 재생산이 가능한 에너지라서 친환경 에너지라고 불린다.

화석 연료는 수소와 탄소로 구성돼요.
석탄은 검은 돌덩이예요. 석탄은 본래 선사 시대의 나무들과 양치류가 늪지에 파묻힌 거예요.

석유는 검은 액체예요. 석유는 본래
해양 박테리아, 조류, 플랑크톤이었어요.

천연가스는 주로 지하에서 썩어 가는 물질에서 나오는 메탄이 주성분이에요.

화석 연료는 이러한 것들이 수백만 년 동안 엄청난 압력을 받아 만들어져요.

다이아몬드가 만들어지는 과정과 비슷해요.
하지만 다이아몬드는 훨씬 더 순수한 형태의 탄소예요.
우리가 쓰는 연필에 있는 **흑연**은 석탄보다는 다이아몬드에 더 가까워요.

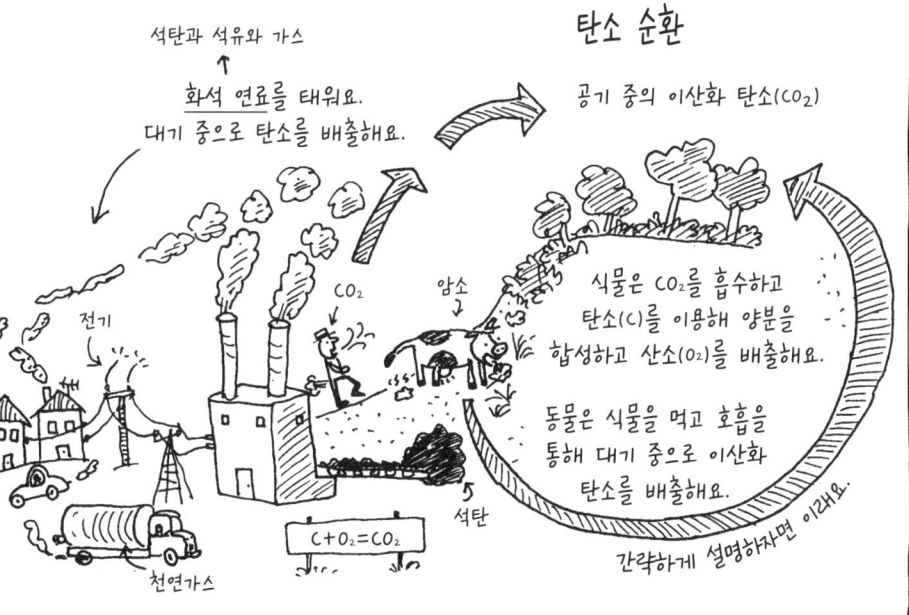

피아노를 언덕 위로 밀고 올라가면 중력에 의한 위치 에너지가 생기고…

에너지는 생성되지 않아요(소멸되지도 않아요).
꼭 기억하세요. 중요한 사실이에요.
그리고 이런 말을 하면 **똑똑한** 사람처럼 보인답니다.

우리는 화석 연료를 태워서 에너지를
만드는 게 아니에요.
한 가지 유형의 에너지를 다른 유형으로
바꾸는 거지요.

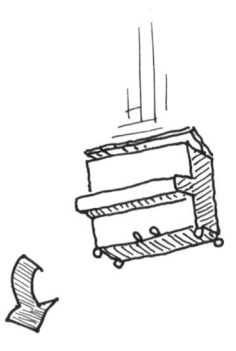

피아노를 절벽에서 밀면 중력 에너지는 운동 에너지로 바뀌어요.

연소가 에너지를 빛과 열로 **방출하는**
화학 반응이라는 사실을 발견하면서,
사람들은 그때 나오는 열을 운동 에너지로 바꾸는
방법을 발명했어요.

그리고 그 에너지를 이용해서 기계를 **작동시켰지요**.

피아노가 땅에 떨어지면, 운동 에너지는 부서진 물질들 속으로 들어가고,
소리 에너지와 같은 다른 종류의 에너지로 변해요.
피아노가 튕겨 올라가지는 **않으니까요**.

우리는 에너지를 얻기 위해 연료를 태울 필요가 없어요.
이미 세상에 존재하는 에너지를 받으면 돼요.

태양 전지판은 태양에서의 핵반응으로 생성된 에너지를
모아요. 그 에너지를 전기 에너지로 바꾸지요.

풍력 발전기는 공기의 움직임을 포착하고
운동 에너지를 전기 에너지로 바꾸어요.

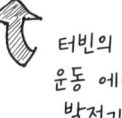

터빈의 프로펠러가
운동 에너지를 받아
발전기에 부착된
회전 날개를 돌려요.

수력 발전도 똑같은 방식으로 작동해요. 물을 댐 뒤에
막아 두었다가 방출하면 그 에너지가 거대한 터빈을
움직여서 전기 에너지로 바꾸지요.

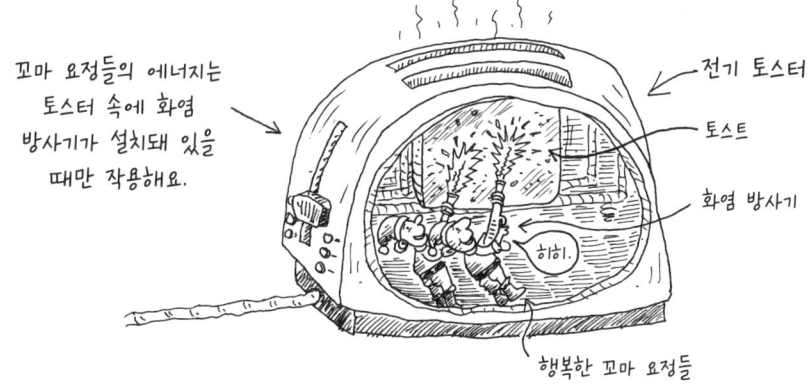

꼬마 요정들의 에너지는
토스터 속에 화염
방사기가 설치돼 있을
때만 작용해요.

전기 토스터

토스트

화염 방사기

행복한 꼬마 요정들

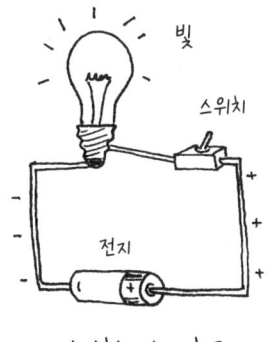

빛

스위치

전지

간단한 전기 회로

배터리는 **전기**를 저장하지 않아요. 배터리는 잠재적
화학 에너지를 저장하고, 우리가 스위치를 누르면
그 에너지가 전기 에너지로 **바뀌지요**.

전선은 전도성이 좋은 금속으로 만들어져 있어서
전기가 잘 통해요. 하지만 플라스틱으로 덮여 있어서
전기를 전도시키지는 **않아요**. 그래서 전기가 계속
들어와도 안전해요.

놀라운 기계들

모든 만물에 항상 작용하는 힘인 중력, 자력, 마찰력을 기억하나요?
우리는 그 여러 가지 힘으로 움직이고, 속도를 늦추고, 돌고, 넘어져요.
반대로 우리가 그러한 일들을 할 수 없게 막기도 하고요.

간단한 기계들은 힘을 **적용해** 일을 한결 **쉽게** 만들어 줘요.

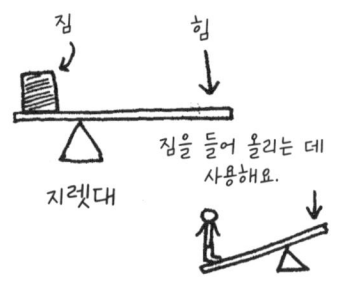

지렛대
짐을 들어 올리는 데 사용해요.
또는 사람을 하늘 높이 날리거나요.

바퀴와 차축
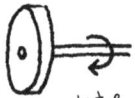
차축을 돌려 바퀴를 돌려요.

바퀴와 차축은 이동과 물건을 들어 올리는 일은 물론, 이용 가능한 에너지를 생산하는 일에도 사용해요.

나사

나사는 조이기, 연결하기, 구멍 뚫기, 들어 올리기 또는 이동에 사용해요. 액체를 높은 곳으로 끌어 올리는 펌프에도 사용할 수 있어요.

쐐기
쐐기는 물건을 들어 올리고, 쪼개고, 자르고, 조이는 데 사용해요. 쓰임새가 다양한 쐐기는 **경사면**을 이뤄요.

도르래
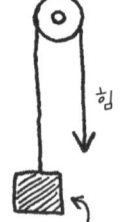
도르래는 물건을 들어 올리고 당길 때 써요.

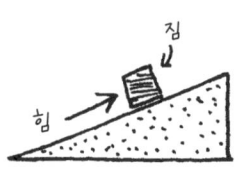
이집트인들은 쐐기를 이용해 피라미드를 지었어요.

지렛대는 힘을 크게 **늘려 줘요**.

지렛대의 **받침점**에서 멀어질수록 힘은 더 커져요.

시소, 쇠지레, 가위는 모두 지렛대예요.
손수레와 병따개, 피아노 건반, 기차 브레이크에도
지렛대가 있어요.

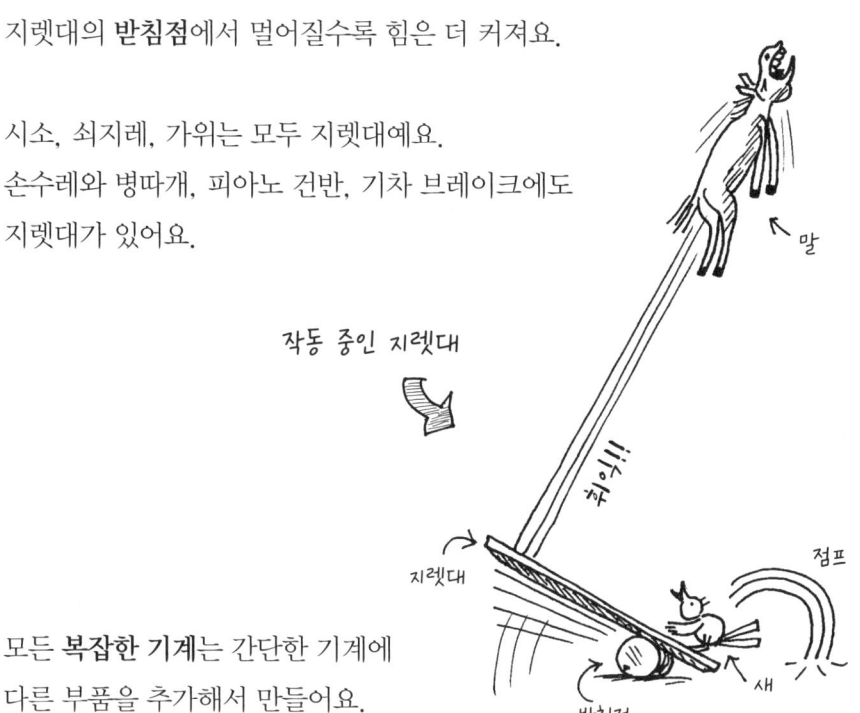

모든 **복잡한 기계**는 간단한 기계에
다른 부품을 추가해서 만들어요.

자동차와 자동차 엔진은 수천 개의 간단한 기계들이 다 같이
작동해서 움직이는 것이랍니다.

> ### 만물 지식 상자
>
> **산업 혁명**(약 1760년 이후)은 복잡한 금속 기계들의 시대였다. 기계들은 공장을 돌아갈 수 있게 만들어 주었다. 사람들은 대도시에서 살기 시작했고, 석탄을 **많이** 태우기 시작했다. 1870년쯤, 사람들은 석탄보다 가스와 석유가 더 유용하다는 사실을 알아냈다. 자동차, 전보, 전화, 합성 물질, 플라스틱, 전기가 만들어졌다. 약 1960년 이후에는 전자 제품과 컴퓨터가 개발되었다. 그리고 **아주 작은** 원자의 **어마어마한** 힘을 가진 원자력도 개발되었다!

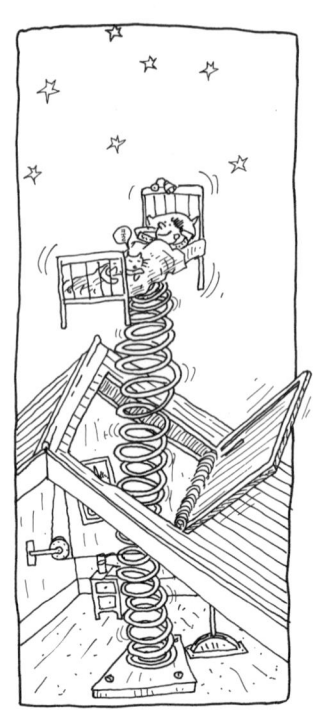

용수철(스프링)은 에너지를 저장하고 방출해요. 그래서 우리를 대신해 튕겨 오를 수가 있어요.

요즘 컴퓨터와 같은 복잡한 기계들은 우리의 **생각**까지도 대신 해 주지요.

컴퓨터는 데이터를 저장하고 처리해요. 컴퓨터는 정보를 받아들이고 프로그램에 적힌 지시 사항대로 움직여요.

그런 다음 새로운 정보를 **출력**하지요.

배꼽에 연결한 통통 자동차로 이동 중인 지그문트

유전 공학적 다리 용수철로 이동 중인 메이지

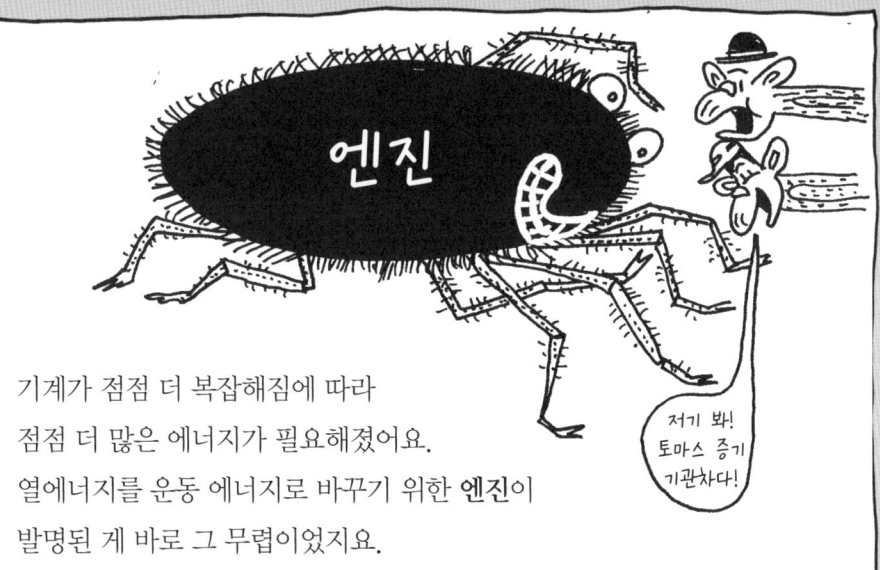

기계가 점점 더 복잡해짐에 따라 점점 더 많은 에너지가 필요해졌어요. 열에너지를 운동 에너지로 바꾸기 위한 **엔진**이 발명된 게 바로 그 무렵이었지요.

최초의 강력한 엔진은 **증기 기관**이었어요. 증기 기관은 열차를 빠르게 달리도록 해 주고, 공장에서 **큰 기계**를 작동시켰어요.

증기 기관

석탄을 태워 물을 끓이고 증기를 만들어요. 증기의 압력이 피스톤을 앞뒤로 밀어요. 그러면 크랭크축이 움직이며 바퀴가 돌아가요.

더 많은 엔진들!

아마도 엔진 작동 원리를 어렵다고 생각할 거예요. 그런데 사실은 그렇지 않아요.

휘발유로 작동하는 엔진은 연료가 실린더 **내부**에서 연소하기 때문에 증기 엔진보다 에너지를 **적게** 소모해요. 연료가 내부에서 연소하며 피스톤을 직접 구동하지요. 그래서 **내연 기관**이라고 부르는 거예요.

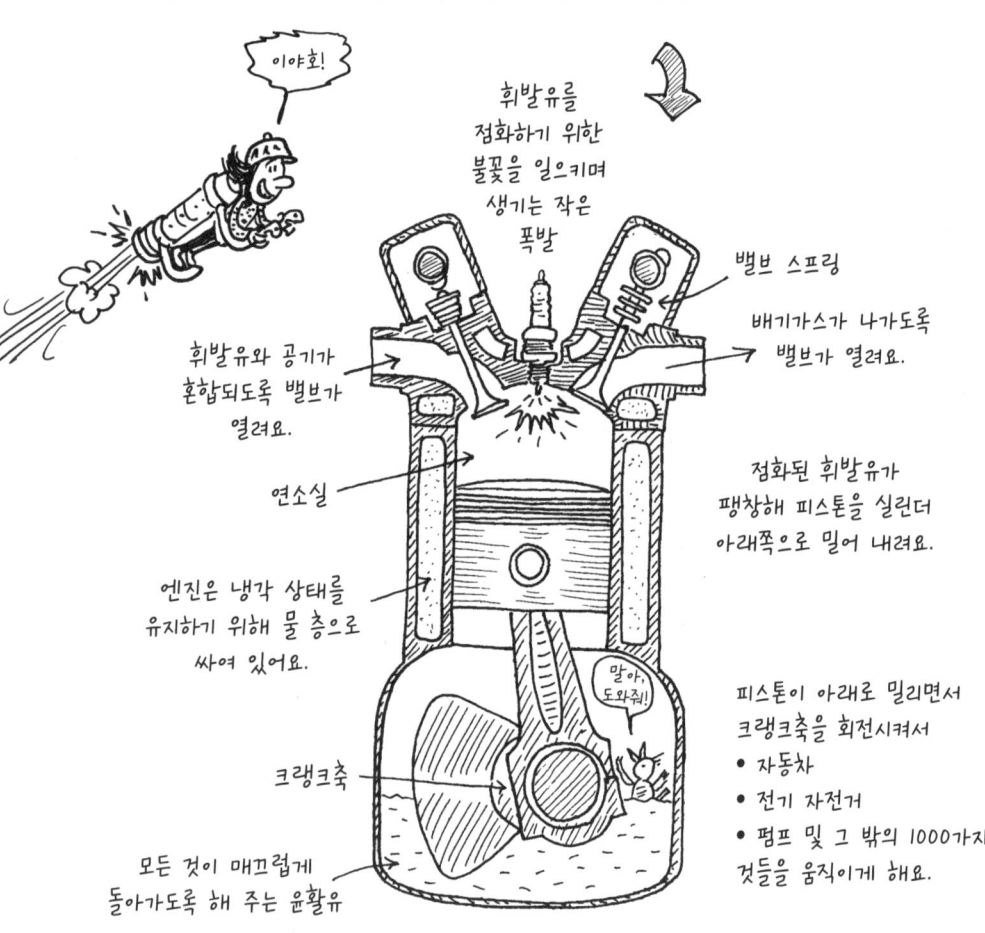

증기 기관은 크나큰 발전이었어요. 하지만 많은 에너지가 열 대신 빛으로 방출되었어요. 그리고 물을 끓이는 데 많은 열에너지가 필요했고, 때문에 석탄을 많이 소모했지요. 사람들은 더 나은 엔진이 필요했어요.

로켓과 비행기는 **제트 엔진**을 사용해요. 제트 엔진은 화학 반응을 통해 뒤쪽으로 강력한 배기가스를 분출해요. 그러면 로켓과 비행기가 **아주 빠르게** 전진하지요.

몇몇 큰 선박과 잠수함 들은 **핵에너지**를 동력으로 사용해요. 우라늄 원자를 **쪼개서** 열을 만들어 내지요. 그걸 **핵분열**이라고 해요.

핵분열은 핵폭탄의 작동 방식이기도 해요. 핵분열은 아무것도 태우지 않지만 매우 조심해야 해요. **폭발**은 하지 않더라도, 핵반응으로 남은 잔재물들에는 **방사능**이 있어서 사람을 죽일 수도 있어요.

통제 불가능한 핵폭발로 여행을 다니는 사람이 있어요. (음, 딱 한 번 해 봤을 뿐이라고!!)

만물 지식 상자

얼마 뒤, 사람들은 기계에 증기 기관으로 동력을 공급하는 일을 중단하고, 대신 전기로 작동하는 **전동기**(모터)를 사용했다. 전동기에서는 벽면에 설치한 소켓에서 나오는 전기 에너지가 세탁기와 같은 가전제품이나 전기 차의 바퀴를 작동시키는 운동 에너지로 바뀐다. 그렇지만 아직도 증기를 만들기 위해 석탄을 태우는 곳이 있다. 증기를 발생시켜 전기를 생산하는 거대한 화력 발전소에서는 지금도 석탄을 연료로 사용한다.

아주 오랫동안 사람들은 걸어 다녔어요. 가끔 사자가 돌아다니면 뛰기도 했지만요. 그러다 걷고 달리는 것에 지쳐서 스케이트보드를 발명했어요.

사실, 실제로 그런 일은 일어나지 않았답니다….

기원전 3500년 무렵, 한 인간이 바퀴를 발명했어요.

바퀴 1개를 타고 다니는 것은 별로 재미가 없어서 결국 인간은 **두 번째 바퀴**를 발명했어요.

그렇지만 2개도 큰 **쓸모는 없었어요**. **액슬***이라는 사람이 어떤 장치를 발명하기 전까지는요. 그 장치는 2개의 바퀴를 이어 주는 나무 막대였어요. 액슬은 그것을 **차축**(axle: 액슬)이라고 불렀답니다.

* 최근의 연구에 따르면 액슬은 차축을 액슬이라고 부르지 않았을 수도 있다고 해요. 심지어 액슬이 남자가 아닐 수도 있다는 말이 있답니다.

금속으로 만들어진 튼튼한 차축을 바퀴와 결합하자, 사람들은 정말로 더 빠르게 움직이게 되었어요.

더 빠르게…

더 빠르게…

더 빠르게…

그러다 더 천천히…

기원전 2000년쯤 스포크 휠*이 발명되었고,
이는 말이 끄는 마차에 사용되었어요.
1886년, 삼륜 수레에 가솔린 기관을 더하면서 최초의 차(자동차)가
발명되었어요. 시속 16km 정도로 달렸을 뿐이지만, **바퀴+엔진=자동차**였죠.
현재 가장 빠른 차는 최고 속도가 시속 435km에 달해요.
가장 느린 차는 교통 체증 속에 멈춰 있는 차랍니다.

* 스포크 휠: 바퀴의 바깥쪽을 부챗살 형상의 강선으로 연결해 만든 차바퀴.
  예전에는 승용차에서도 사용했지만, 근래에는 이륜자동차에 주로 사용한다.

이륙!

바퀴는 사실 도자기를 빚기 위해 발명되었지, 여기저기 다니기 위해 발명된 물건은 아니었어요. 심지어 바퀴보다도 피리의 발명이 먼저였으니까요. 다행스럽게도 누군가 바퀴의 가치를 알아냈어요.

최초의 비행기는 새처럼 생겼을지는 몰라도…
날지는 못했어요.

이 비행기 역시 하늘을
날지 못했어요.

최초의 동력 비행기는
바로 이렇게 생겼어요.

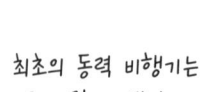

항력

최초의 동력 비행이 이루어졌던 해는 1903년이었어요. 미국인 형제*가 글라이더에 가벼운 엔진을 달았어요. 그 비행기는 12초 동안 날았고 37m를 이동했어요.

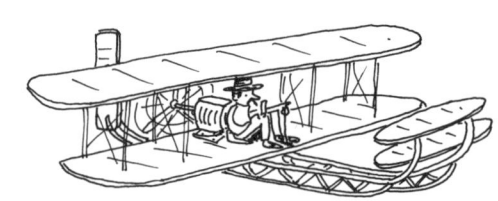

현재 우리가 타는 비행기들은 이렇게 생겼답니다….

* 세계 최초의 동력 비행기 제작자인 미국의 윌버 라이트와 오빌 라이트 형제를 이르는 말이다.

시계 속의 아주 작은 기어에도 바퀴와 차축을 사용하고, 거대한 터빈으로 전기를 일으키기 위해서도 바퀴와 차축을 사용해요. 심지어 문손잡이와 나사를 돌리는 스크루드라이버도 바퀴와 축의 일종이에요. 바퀴가 없었다면 자전거와 차는 물론이고 비행기도 없었을 거예요.

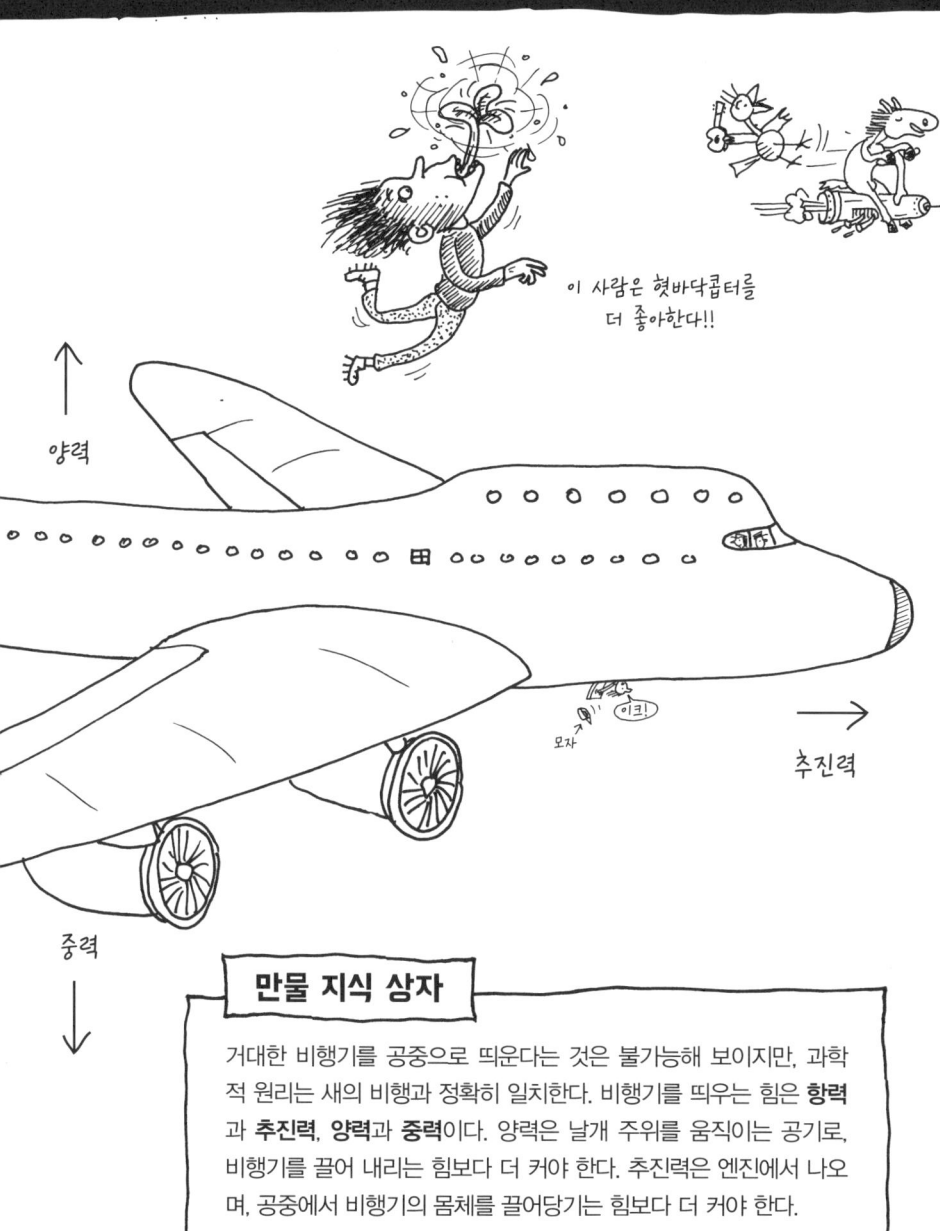

이 사람은 혓바닥콥터를 더 좋아한다!!

양력 ↑

모자

추진력 →

중력 ↓

만물 지식 상자

거대한 비행기를 공중으로 띄운다는 것은 불가능해 보이지만, 과학적 원리는 새의 비행과 정확히 일치한다. 비행기를 띄우는 힘은 **항력**과 **추진력**, **양력**과 **중력**이다. 양력은 날개 주위를 움직이는 공기로, 비행기를 끌어 내리는 힘보다 더 커야 한다. 추진력은 엔진에서 나오며, 공중에서 비행기의 몸체를 끌어당기는 힘보다 더 커야 한다.

우리의 신체 체계는 우리 몸을 쉬지 않고
움직이게 해 줘요.
우리가 사는 도시에도 체계가 있어요.
도시 체계는 대부분 눈에 보이지 않아요.
아마 **잘못되기** 전에는 눈치채지
못할 거예요.

밥은 귀 날개로 이동해요.

도시 체계에는 배와 **거대한** 컨테이너선이
다니는 **해로**가 있어요.
비행기를 위해서는 하늘의 도로인
항공로가 있고요.
비행기뿐만 아니라 거대 독수리와 가벼운
귀 날개와 펠리컨 운송*도 있지요.

운송과 **도로 체계**는 우리가
지상에서 안전하게 이동할 수
있도록 도와주어요.

*여기 언급한 일부 교통수단은 사실에 근거하지 않음.

하수 시설이 집에서 사용한 물과 똥을 누고 내린 변기 물을
마법처럼 가져가 버리지 않는다고 상상해 보세요.

바다로 들어가기 전에 **정수장**으로 가지 않는다면요?
빗물 관리 시설이 도로의 범람을 막아 주지
않는다면요?
아니면 지하의 파이프가 요리와 난방에
필요한 깨끗한 물과 천연가스를
가져다주지 않는다고 상상해 보세요.

우리가 가장 많이 사용하는
도시 체계는 **전력망**이에요.

발전소에서 보낸 전류가 우리가 사는
도로까지 흘러오면, 전선을 통해 집 안으로 들여와서
불을 켤 수 있지요.

많은 해양 동물들은 스스로 빛을 만들 수
있어요. 화학 물질이나 박테리아로 빛을 내는
발광기라고 하는 기관이 있기 때문이에요.
우리에겐 불가능한 일이에요.
그래서 우리는 전구를 발명해야만 했답니다.

> **만물 지식 상자**
>
> **전기 통신**은 전기 신호나 전자파를 이용한 원거리 통신이다. 요즘은 전화, 라디오, TV나 인터넷을 의미하기도 한다. 인터넷은 전 세계의 특별한 컴퓨터 네트워크이다. 인터넷은 우리가 **모든** 것을 다 아는 척척박사인 척할 수 있게 곳곳으로 정보를 옮겨 준다.

빛이 있으라!

전구는 **역사상** 가장 중요한 발명품 중 하나예요.

전구 안을 보면 가느다란 철사가 보일 거예요.
그 철사를 통해 불이 밝혀져요.

전류는 전자의 흐름이에요. (−)극에서 (+)극으로
도선을 따라 흘러요. 그런데 전자는 **쉽게 흐르지
않아요**. 도선은 전선에 사용된 것과는 다른
금속으로 만들어져 있어요.

도선에는 전류가 흐르는 것을 방해하는
전기 저항이 있어서 뜨거워지고 빛을 내요.

우리는 눈앞에서 전기 에너지가 열에너지와
빛 에너지로 바뀌는 광경을 목격 중인 거예요.
참으로 놀랍지 않나요?

그리고 유리구 안을 채우는 건 공기가 아니에요.
뜨거워질 때 도선이 산소와 반응하는 것을 막기 위해
다른 기체가 들어 있어요.*

난 텅스텐 필라멘트
빛이 가장 좋아.

유리구
텅스텐
필라멘트
금속 마개
전기 접속부
(중심 전극)

전구

* 백열전구의 유리구 속 기체가 없는 상태인 진공으로 제작되거나 아르곤, 질소 같은 기체를 넣기도 한다.

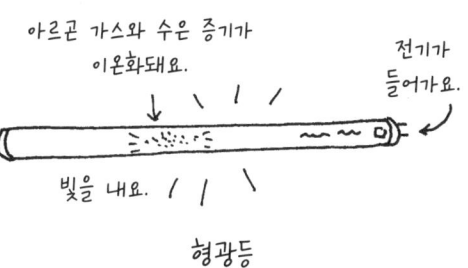

아르곤 가스와 수은 증기가 이온화돼요.
전기가 들어가요.
빛을 내요.
형광등

형광등은 조금 달라요. 가스를 통해 전기를 보내요. 그 말은 열을 만들어 내면서 에너지를 낭비하지 않는다는 뜻이에요. 모든 에너지가 빛으로 전환되지요.

지금은 LED 등을 많이 써요. LED는 **발광 다이오드**(light emitting diode)의 줄임말이에요.

무수한 LED가 합쳐져서 어떤 화면이라도 이루어져요. 신호등과 디지털시계를 비롯해 거의 모든 전자 장치도 마찬가지예요.

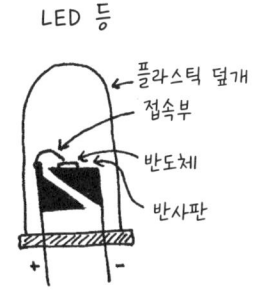

LED 등
플라스틱 덮개
접속부
반도체
반사판

LED는 아주 작아요. **반도체 물질**이라고 불리는 것으로 만들어져 있지요. 반도체 물질은 전기가 통과할 때 반응을 해요. 화학 물질에 따라 다른 색깔의 빛을 얻을 수 있어요.

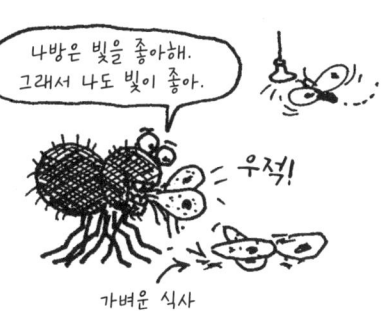

나방은 빛을 좋아해. 그래서 나도 빛이 좋아.
우적!
가벼운 식사

텅스텐! 너무 싫어. 내 인생을 밝혀 주는 건 LED라니까!

만물 지식 상자

우리가 TV를 볼 수 있는 것은 1000개가 넘는 아주 작은 LED가 화면에서 켜지며 하나의 그림을 만들어 내기 때문이다. 우리 눈앞에서 미세하게 다른 많은 그림이 번쩍거리는데 뇌로 하여금 움직임을 보는 것처럼 눈을 속인다. 스톱 모션 애니메이션*을 만드는 것과 비슷하다.

* 스톱 모션 애니메이션: 애니메이션 촬영 시 정지하고 있는 물체를 1프레임마다 조금씩 이동해 카메라로 촬영하는 과정을 반복해서 마치 계속 움직이고 있는 것처럼 보여 주는 영화 촬영 기법.

아주 옛날 제국들도 큰 도로망을 만들거나 연결했어요.
그래야 무역을 할 때도 쓰고, 필요한 곳으로 병사들과 보급품을 실어 나를 수
있으니까요. 보통 그다음에 했던 일이 우편 제도를 만드는 것이었어요.

전화기가 없던 시절은 상상하기 힘들 거예요.
자, 그럼 직접 전화기를 만드는 법을 설명해 볼게요.

깡통 끝에 구멍을 뚫어요(그림 1 참조).
1번 캔의 구멍에 실의 한쪽 끝을 꿰어요.

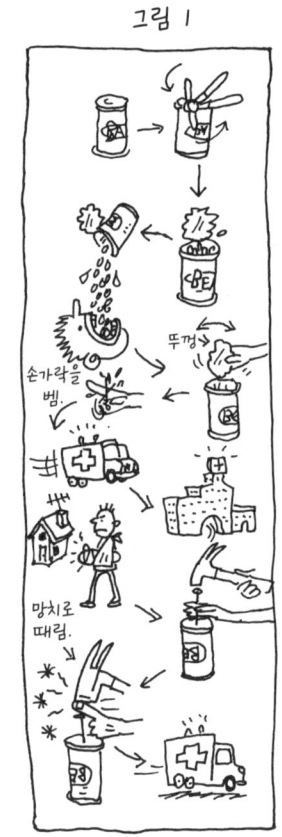

그림 1

실로 성냥개비를 묶어요.

실을 팽팽하게 당겨요. 2번 캔도 똑같이 해요.

언어와 협동이 우리 인간을 다른 유인원들과 다르게 만든다고 했던 말 기억하나요?
사람들은 새로운 기술을 발명할 때마다 그 기술을 바로 여기에 사용했답니다.

의사소통!

여러분이 1번 캔을 들고 친구*에게 2번 캔을 들게 하세요.
이제 실이 팽팽해질 때까지 서로 반대쪽으로 걸어가세요.
여기서부터 두 가지 가능성이 생겨요.

가능성 1. 서로 멀리 떨어져서 서 있다.

가능성 2. 서로 매우 가까이 서 있다.

그럼 엉킨 실을 풀어 줘야 해요.

이제 1번 캔을 입에 대고 말을 하세요. 친구*는 2번 캔을 귀에 대고 들어요.

우리가 내는 목소리는 목구멍에 있는 **후두**를 통해 공기가 밀리는 거예요.
그러면서 **성대**를 진동시켜요. 그럼 공기 중에 소리의 진동이 일어나고, 그것은
다시 깡통에 진동을 일으켜요. 소리 에너지가 실을 타고 진동을 하며 나아가요!

*친구의 친구나 개도 괜찮음.

깡통 전화기 이전에는 장거리 통신을 하려면 편지를 보내거나, 연기를 피워 신호를 보내거나, 암호화된 북소리를 이용해야만 했어요. 아니면 훈련된 비둘기 다리에 쪽지를 묶어서 날리든지요.

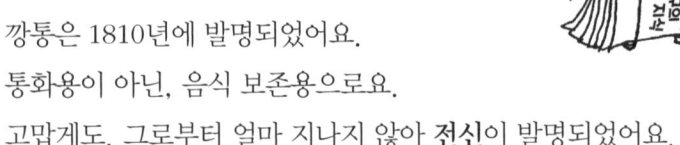

깡통은 1810년에 발명되었어요.
통화용이 아닌, 음식 보존용으로요.
고맙게도, 그로부터 얼마 지나지 않아 **전신**이 발명되었어요.

모스 부호는 짧은 전기 펄스와 긴 전기 펄스를 조합해 전 세계로 메시지를 보내는 부호예요. **짧은 부호(●)** 를 점, **긴 부호(−)** 를 선이라고 해요.

ㄱ	●−●●	ㄴ	●●−●	ㄷ	−●●●	ㄹ	●●●−
ㅁ	−−	ㅂ	●−●●	ㅅ	−−●	ㅇ	−●−
ㅈ	●−−●	ㅊ	−●−●	ㅋ	−●●−	ㅌ	−−●●
ㅍ	−−−	ㅎ	●−−−				
ㅏ	●	ㅑ	●●	ㅓ	−	ㅕ	●●●
ㅗ	●−	ㅛ	−●	ㅜ	●●●●	ㅠ	●−●
ㅡ	−●●	ㅣ	●●−	ㅢ	−●●●●	ㅐ	−−●−
ㅔ	−●−●	ㅖ	●●●●−	ㅒ	●●●●−		

그렇게 보내는 메시지들을 **전보**라고 했어요. 선박, 비행기, 응급 구조대는 모두 모스 부호를 사용했어요. 메시지는 무선이나 전신선을 통해 전송될 수 있어요.

> **만물 지식 상자**
>
> 어떤 통신이든 **송신기**가 있다. 송신기는 메시지를 이동 가능한 것(**신호**라고 부른다)으로 바꿔 주는 장치이다. 그 신호가 이동할 수 있는 수단은 **채널**이라고 하며, 반대쪽 끝에는 메시지를 다시 우리가 이해 가능한 것으로 바꿔 주는 **수신기**가 있다. 때로는 하나의 장치가 송신기 겸 수신기로 쓰이기도 한다.

무선 채팅

어떤 방사선은 위험해요. 하지만 그 밖의 다른 방사선은 우리 주변에 늘 존재하고 있어요. 빛이 전자기 스펙트럼의 일부분이라고 했던 말을 기억하나요?

빛은 우리가 볼 수 있는 전자기 스펙트럼의 일부예요. 다른 종류의 전자기 방사선으로는 마이크로파(극초단파), 엑스선, **전파**가 있어요. 모두 다 정말 유용하지요.

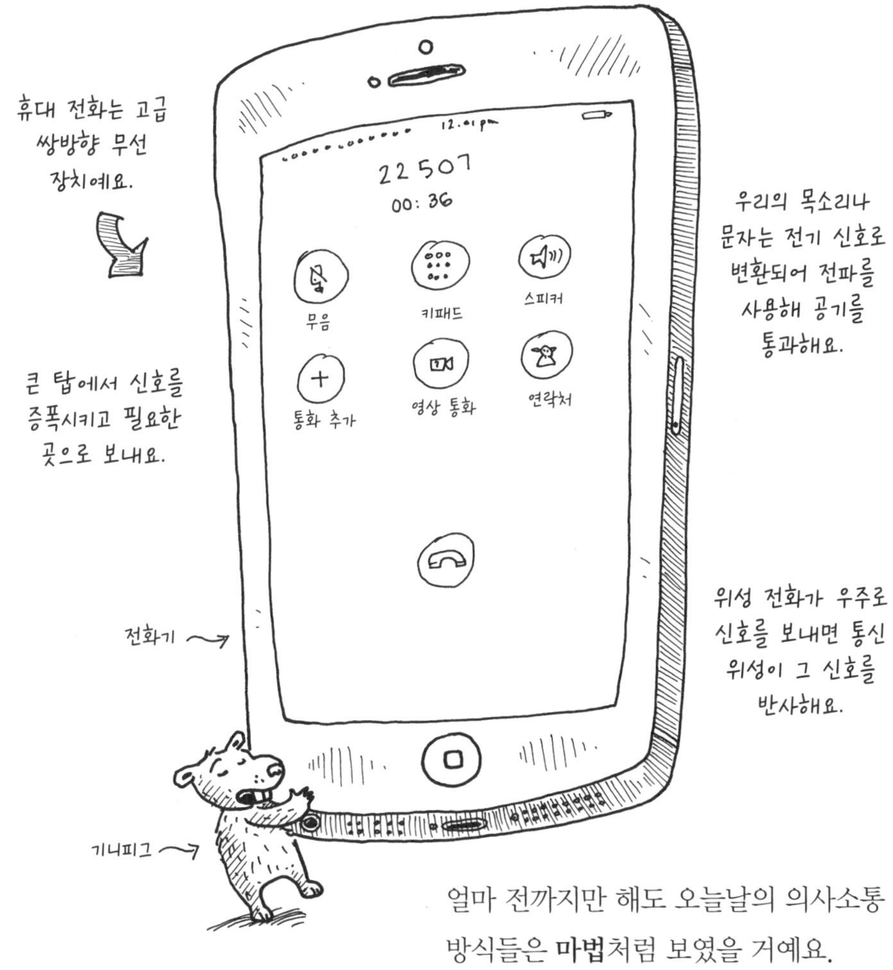

휴대 전화는 고급 쌍방향 무선 장치예요.
큰 탑에서 신호를 증폭시키고 필요한 곳으로 보내요.
전화기
기니피그
12:01 pm
22507
00:36
무음
키패드
스피커
통화 추가
영상 통화
연락처
우리의 목소리나 문자는 전기 신호로 변환되어 전파를 사용해 공기를 통과해요.
위성 전화가 우주로 신호를 보내면 통신 위성이 그 신호를 반사해요.

얼마 전까지만 해도 오늘날의 의사소통 방식들은 **마법**처럼 보였을 거예요.

6

쏜살같이 흐르는 시간

시간 좀 있어요?

우리가 아기였을 때는 시간이 많았어요.
우리는 지금도 나이를 먹고 있지요.
그런데 나이가 들수록 시간이 점점 더 줄어드는 것만 같아요.
할 일은 점점 더 많아져요.
할 수 있는 일도 점점 더 많아져요.

시간이 더디 가면 지루해져요.
시간이 빨리 가면 지치고요.

재미있으면 시간이 빨리 가요.
시간이 가장 빨리 갈 때는 침대에서 일어나기 싫을 때이지요.

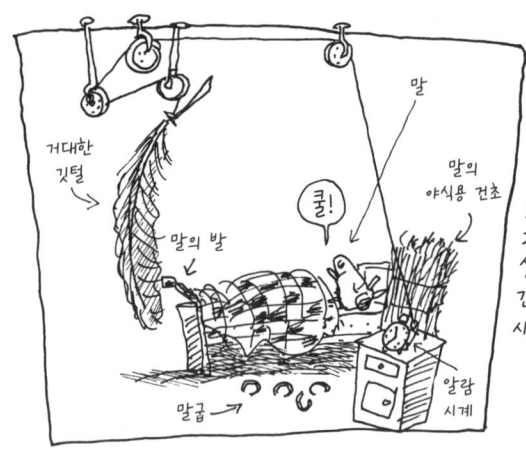 

그렇지만 우리가 시간을 멈출 방법은 없답니다.

시간은 매우 중요해서 우리는 항상 시간에 대해 이야기하죠.

시간은 그냥 느낌이 아니에요

수만 년 동안 전 세계 모든 문화권에서는 시계와 달력을 이용해 시간을 쪼개고 배열하려고 노력해 왔어요.

해시계

태양이 하늘을 가로지르면서 숫자에 그림자를 드리워요. 그래서 태양의 위치를 보면 시각을 알 수 있어요. 밤이나 흐린 날에는 효과가 없어요.

별

밤에는 별들이 북극과 남극을 중심으로 회전하는 것처럼 보이기 때문에 별의 위치로 시간을 알 수 있어요. 낮에는 소용이 없어요.

모래시계

모래가 작은 구멍을 통해 위쪽 유리에서 아래쪽 유리로 떨어져요. 하루 정도의 짧은 시간을 재는 데는 좋지만, 더 길어지면 거대한 모래시계가 필요해요.

이집트 물시계

모래가 아니라 물이라는 점만 빼면 모래시계와 비슷해요. 며칠 동안 시간을 표시하는 데 사용할 수 있었어요. 하지만 크기가 커서 들고 다니기가 쉽지 않아요.

현대의 시계는 달라요. 모두 움직이거나 변화하는 물체의 **째깍거리는** 횟수나 **진동하는** 횟수를 세어서 작동해요.

추시계

1656년에 흔들리는 추가 똑딱거리는 횟수를 세는 시계가 발명되었어요. 정말로 정확한 최초의 시계였지요.

기계 시계

금속 용수철과 기어가 개발된 뒤, 내부의 작은 평형 바퀴의 흔들림을 계산해서 작동하는 시계가 발명되었어요. 태엽만 감으면 오래 가요.

디지털시계

배터리로 구동되는 디지털시계는 시간을 표시하는 방법들을 대부분 대체하기 시작했어요. 전화기에 표시되는 시간은 지구 궤도를 도는 GPS위성에서 신호를 받아서 써요.

쿼츠 시계

시계 내부의 수정 진동자의 진동수를 세어서 작동해요. 1927년에 처음 개발되었고, 매우 정확해요. 디지털시계도 있고 아날로그시계도 있어요.

원자시계

협정 표준시 (UTC)*는 약 400개의 원자시계가 모여서 만들어요. 세슘 원자가 두 상태 사이를 왔다 갔다 하는 데 걸리는 시간을 측정하지요. 잘 모르겠다고요? 괜찮아요. 원자시계는 아주 복잡하니까요!

만물 지식 상자

1847년 이후, **그리니치 표준시**(GMT)는 전 세계인들이 시계를 맞추는 표준시였다. 1972년부터는 **협정 표준시**(UTC)를 국제 표준시로 하고 있다. 표준시를 갖는다는 것은 국제 우주 정거장이나 비행기에서의 시간에 모두 동의가 가능하다는 뜻이다. 협정 표준시는 일광 절약 시간(서머 타임)이나 시간대에 영향을 받지 않는다.

* 협정 표준시(Universal Coordinated Time, UTC): 1972년 1월 1일부터 세계 공통으로 사용하고 있는 표준시.

우리의 **시간대**는 **바로 지금** 우리가 있는 곳의 시간을 말해 주어요.
협정 표준시를 기준으로 떨어진 거리에 따라 시간대가 달라지지요.
영국은 지도의 '중앙'에 위치하고, 협정 표준시를 써요.
이는 1880년에 영국에서 처음으로 생각해 냈기 때문이에요.

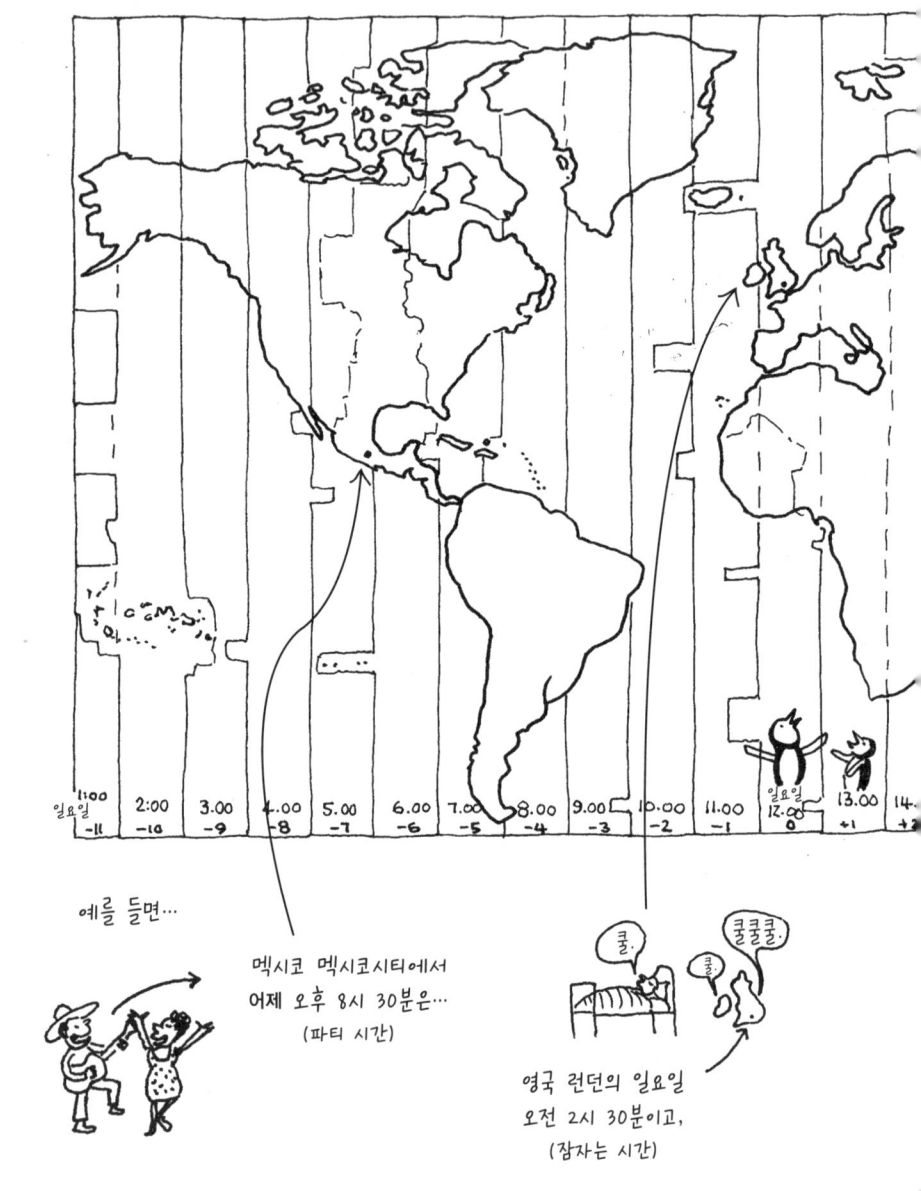

가상의 선은 극에서 극으로 이어지며, 국가들은 지도상의 위치에 따라 협정 표준시보다 '앞'이나 '뒤'에 있게 돼요.

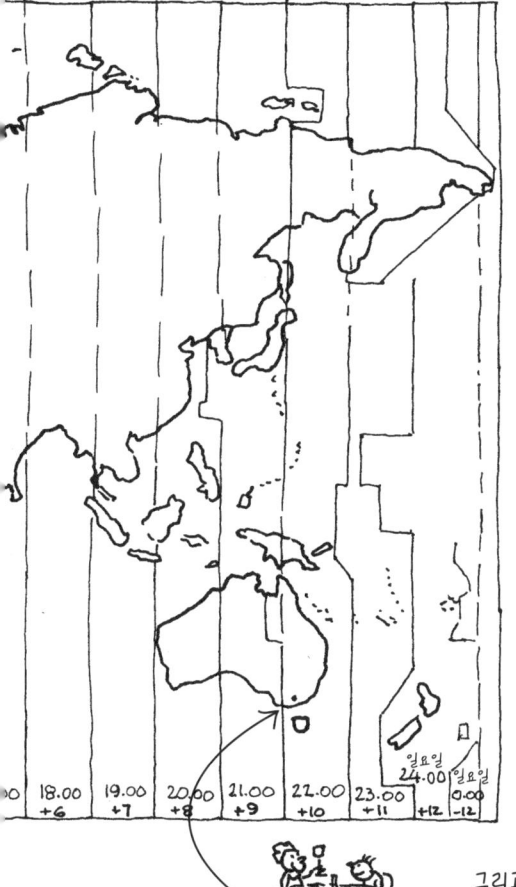

시계는 대부분 하루를 오전 12시간과 오후 12시간, 이렇게 24시간으로 나누어요.

24시를 쓰는 시계도 있어요. 시간을 0부터 23까지로 센다는 뜻이죠.

24시로 계산해서 읽는 것은 쉬워요.

정오 이후로는 모든 시간에 12만 더하면 되니까요. 따라서 수업 종이 오후 3시 30분에 울린다면, 15시 30분이 되는 거예요(3+12=15니까요).

그리고…
오스트레일리아 멜버른의 일요일 오후 1시 30분이에요. (점심시간)

만물 지식 상자

일광 절약 시간은 여름철의 긴 낮 시간을 잘 이용하기 위해, 그 지방의 시간을 표준시보다 한 시간 앞당겨서 변경하는 것이다. 봄(낮이 길어지기 시작할 때)에 시계를 한 시간 앞당겼다가 가을에는 다시 평상시로 돌아간다. 모든 국가가 일광 절약 시간제를 쓰는 것은 아니다. 한 나라 안에서도 쓰는 주가 있고 쓰지 않는 주도 있다.

달력

대부분의 사회는 하늘에서 볼 수 있는 것, 즉 달의 주기(월)나 태양의 움직임(년)을 근거로 달력을 만들었어요.

그래서 **태음력**이나 **태양력**이 있어요. 가장 초기의 태음력 중 하나는 스코틀랜드에서 만든 달력이에요. 1만 년 정도 되었는데 **매우 크지요.**

* 해기스: 양의 내장으로 만든 순대 비슷한 스코틀랜드 음식.

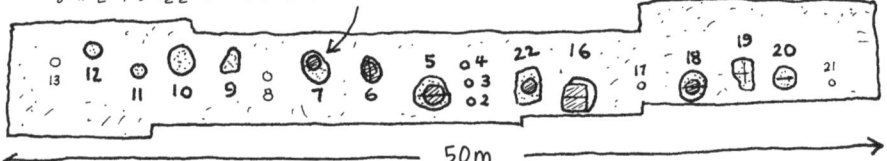

고대 바빌로니아인들은 하늘에서 태양, 달, 수성, 금성, 화성, 목성, 토성을 볼 수 있었고, 그래서 숫자 7을 좋아했어요. 그리고 1주일을 7일로 만들었지요. 우리는 바빌로니아인들이 생각해 낸 60초와 60분도 쓰고 있어요.

우리의 계산 체계는 10을 기준으로 하지만, 4000년 전에는 60을 기준으로 삼았어요. 그때 만든 시간표를 외운다고 생각해 보세요!

1582년부터 대부분의 나라에서 **그레고리 달력**을 사용했어요.
태양력을 **기본**으로 하지만, 기발하게도 **윤년***을 두었지요.

우리가 쓰는 달력에는 365일이 있지만,
지구가 태양을 공전하는 데는 365.25일이
걸린다는 사실 기억하나요?
그래서 태양년과 달력을 맞추기 위해 4년에
한 번씩 하루(2월 29일)를 더 추가해요.
헷갈리겠지만, 우리가 쓰는 월(月)은 지구에서
보는 달의 주기와는 맞지 않아요. 보름달을
다시 보기까지는 약 29.5일이 걸리지만, 한 달은 31일이나
30일이지요(물론 2월은 빼고요).

우리의 12개월은 기원전 46년의 로마 달력을 기준으로
해요. 처음에는 1년에 10개월밖에 없었어요. 그래서
로마인들이 한 해의 **시작**에 두 달을 더 추가했어요.

아홉 번째 달인 9월이 라틴어로는 '일곱 번째' 달을
뜻하는 게 바로 그 때문이에요.
10월, 11월, 12월은 각각 '여덟 번째', '아홉 번째',
'열 번째'를 뜻하고요. 잘했어요, 로마인!

만물 지식 상자

세계적으로 사용되는 공식 달력은 그레고리 달력이지만, 그 밖에도 중국력, 유대력, 이슬람력, 페르시아력, 에티오피아력, 발리 파우콘 달력 등 6개의 달력이 사용되고 있다. 윤년이 있는 게 헷갈린다면, 음력을 사용한다고 생각해 보라. 그럼 몇 년마다 한 번씩 열세 번째 달을 추가해야 지구의 공전 주기를 따라잡을 수 있다.

* 윤년: 윤달이나 윤일이 드는 해. 실제로 지구가 태양을 일주하는 데 365일 5시간 48분 46초가 걸리므로 양력에서는 4년마다 한 번씩 2월을 29일로 하고 음력에서는 5년에 두 번씩 1년을 13개월로 한다.

째깍째깍 체내 시계

생물은 24시간마다 반복되는 자연스러운 리듬이 있어요. 이것을 **일주기 리듬**이라고 해요. 일주기 리듬은 **생체 시계**로 조절돼요.

생체 시계는 식물에도 있고, 동물에도 있어요. **거대 거미**한테도 있지요. 심지어 곰팡이와 박테리아에도 있답니다. 생체 시계는 언제 활동을 하고, 언제 성장해야 하는지, 또 언제 자거나 먹어야 하는지를 알려 주어요. 생체 시계는 우리 몸의 기관계를 체계화해요.

감염과 싸우거나, 상처를 치유하거나, 음식을 소화할 가장 좋은 시기까지도 알고 있어요. 음식을 소화하기 좋은 때는 낮이니, 야식은 금물이에요!

나, 일주기 리듬 있다!

어휴, 리듬을 타고 있네. 그 리듬이 이 리듬은 아니야.

이름이 아주 복잡한 뇌의 어떤 부분에서 신체의 다른 모든 부분들로 화학 신호를 보내요.

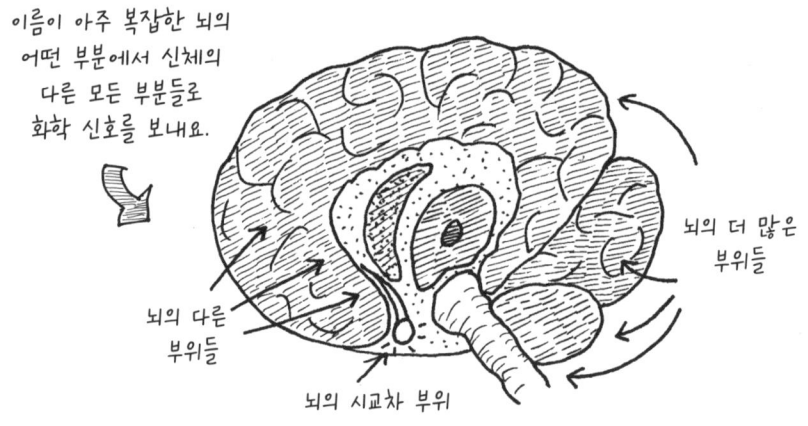

뇌의 다른 부위들

뇌의 시교차 부위

뇌의 더 많은 부위들

'시교차 상핵'을 열 번만 빠르게 말해 보세요!

식물도 '숨'을 쉬지만, 밤에만 쉬어요.
어떤 버섯은 어둠 속에서 빛을 내 벌레를 유인하지만,
낮에 빛을 내서 에너지를 낭비하는 일은 없어요.
또 우리가 집에 오면 반려동물들이 문 앞에서 맞아 줄 때가 있어요.
그렇다고 개나 고양이가 시계를 보고 나오는 건 아니지요.

어둠 속에서 진화한 눈 없는 동굴 물고기들도
시간을 알 수 있어요. 하지만 햇빛 없이 보낸
시간이 200만 년에 달하기 때문에,
그들의 체내 시계는 24시간이
아니라 47시간이랍니다.

새는 해마다 같은 시기에 이동을 해요.
겨울을 나기 위해 먹이를 모아 두는 동물도 있고요.
깡충거미(매우 영리한 거미예요)는 미리 계획을 세우고, 머릿속에서
지도를 만들고, 그 지도를 따라 먹잇감에게 살금살금 다가가요(부르르!).
다른 동물들도 기억을 하고 학습도 해요. 하지만 그들에게도 역사나
추억 같은 게 있을까요? 우리는 알지 못해요. 역사나 추억은
인간에게만 있는 것일지도 몰라요.

만물 지식 상자

인공조명, 인터넷이나 TV, 휴대 전화 등의 화면을 보는 시간, 밤을 새우는 일 등등으로 우리의 체내 시계는 엉망이 될 수 있다. **시차 적응**은 우리 몸의 시계와 현지 시간이 일치하지 않을 때 일어난다. 시간대를 넘어가면 시계는 새벽 2시라고 말해도 우리 몸은 **점심시간**이라고 말한다. 다행히 우리는 새로운 시간에 맞춰 체내 시계를 재훈련할 수 있다.

시간을 통과하는 거대 거미들

네안데르탈 거대 거미

석기 시대
(기원전 약 3000년까지)
불, 언어, 음악, 직물, 건물, 석기와 목기, 무기, 예술과 물레, 배, 농사와 가축, 시계와 달력, 기본적인 글쓰기, 셈하기, 화폐가 발명되었어요.
나쁘지 않은 시작!

석기 시대 거대 거미

청동기 시대
(기원전 3000년~기원전 약 1200년)
금속의 발견으로 만사가 수월해졌어요. 금속 도구, 무기, 보석 및 토기, 제대로 된 바퀴와 전차, 도르래, 비누, 우산, 글쓰기, 파피루스, 마을이 발명되었죠. 석기 시대의 모든 것들이 향상되었답니다.

예: 이집트 제국

이집트 거대 거미

철기 시대
(기원전 1200년~기원후 약 650년)
노, 큰 배, 동전의 발명, 철기의 사용으로 거의 모든 일이 한층 향상되었으며, 농기구, 운송, 무기가 특히 더 그랬어요.
칼끝이나 화살 끝을 잘못 짚었다간 큰일 났겠지만요.

고고학자들이 과거의 유물을 파헤치면서 거대 거미들은 자신들의 역사에 대해 더 많이 알게 되었어요. 고대의 거대 거미들은 중요한 물건들과 함께 매장되는 일이 많았기 때문에, 역사학자들은 그들이 어떻게 살았고 무엇을 소중히 여겼는지 알 수 있었어요.

가까운 과거를 통과하는 거대 거미들

예: 중세 유럽

16세기 거대 거미

중세 거대 거미

근세
(약 1450년~1750년)
무역과 돈의 시대. 인쇄기와 증기 기관의 발명 및 과학의 발전은 모두 대단한 사건들이었어요. 거대한 선박은 곧 제국의 세계 진출을 의미해요.

파리

근대
(산업 혁명을 포함해 약 1945년까지)

18세기 해적 거대 거미

19세기 카우보이 거대 거미

파리

오늘날의 현대인들이 기억하는 시기로 진입!

보다 가까운 과거에 일어난 거대 거미의 역사는 글로 기록이 돼요. 1차 자료는 당시에 살았던 사람들이 경험을 통해 만들어 낸 자료예요. 2차 자료는 1차 자료를 토대로 다른 사람이 만들어 낸 자료를 말해요.

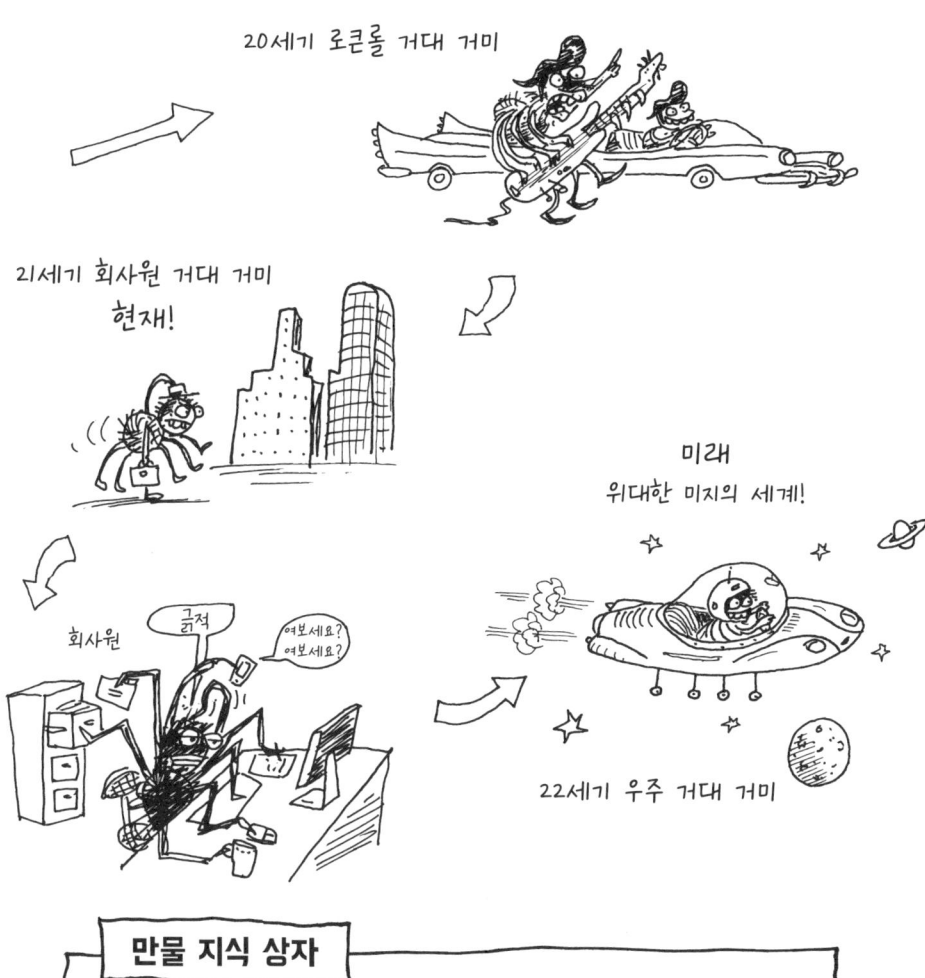

> **만물 지식 상자**
>
> 눈치챈 사람도 있겠지만, 농업과 목축 같은 많은 중요한 일들이 처음으로 생겨난 때가 약 1만 년 전인 석기 시대였다. 그것을 **신석기 혁명**이라고 부른다. 신석기 시대의 석기는 전보다 더 매끄럽고 질이 좋았다. 신석기 시대 이전을 **구석기 시대**라고 부른다.

과거 들여다보기

맞아요, 앞서 말한 내용은 거대 거미가 아닌 우리 **인간**의 역사였어요. 거대 거미가 아니라 인간이라는 점만 빼면 다 사실이랍니다.
선사 시대는 글을 쓰기 전의 시대예요. 이야기를 기억하고 공유할 수는 있었지만, 기록을 하지는 못했어요.
초기에 기록된 역사는 그리 정확하지는 않아요. **가장 유명한** 역사 이야기 중 두 가지로 꼽히는 《일리아드》와 《오디세이》는 기원전 700년에서 기원전 800년 사이에 고대 그리스에서 (아마도) 처음으로 쓰였어요. 이야기 속 사건들은 (아마도) 그보다 훨씬 전의 일이었을 테고요.
작가는 (어쩌면) 호메로스라는 사람이거나, (어쩌면) 한 사람이 아닌 여러 사람일 수도 있어요. (아마도) 아주아주 오래된 시와 노래들을 모아 놓은 작품으로, 작품 속 시와 노래들은 글이 존재하기 훨씬 전의 역사를 기억하는 데 큰 도움이 되었지요.
《일리아드》와 《오디세이》 속 이야기들은 지금도 고쳐지면서 전해지고 있어요. 그리스 신 제우스나 트로이 목마 이야기는 여러분도 알 거예요.

1만 년 전의 새

이집트에서 살았던 전생의 말

똑똑한 역사학자는 저자가 누구인지, 그들의 의도가 무엇인지를 항상 생각해요. 저마다 다른 많은 정보원을 조사해서 정말로 진실을 말하고 있는지도 확인하지요.

선사 시대의 동식물들은 화석을 남겼기 때문에 우리는 그 시대의 동물과 식물에 대해 아는 것이 매우 많아요.

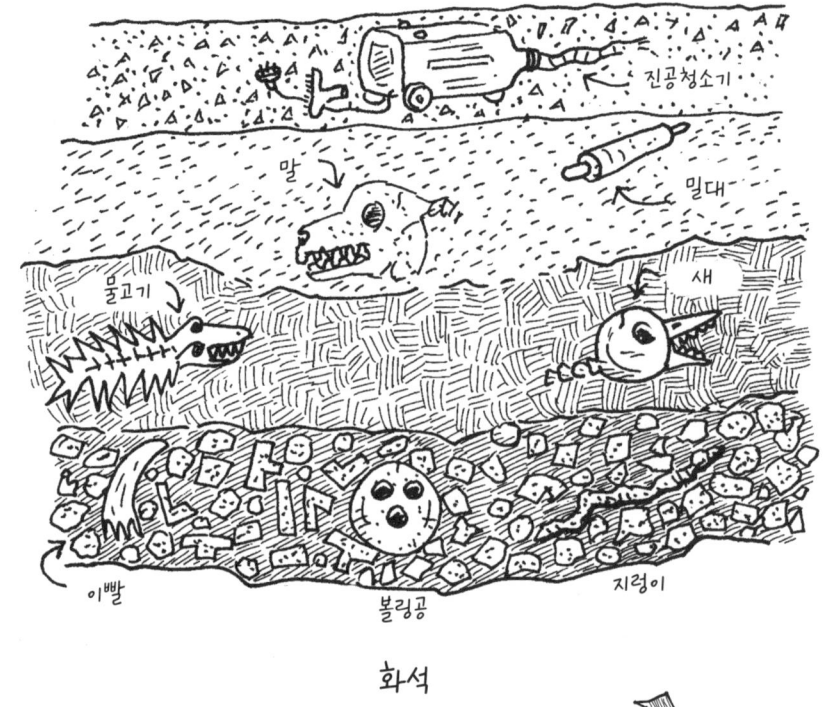

화석

1만 년이 넘으면 화석으로 간주해요. 가장 오래된 화석은 약 35억 살이에요. 땅속에 묻힌 위의 것들 중 진짜 화석은 몇 개나 될까요?*

화석이 되는 방법을 알려 줄게요. 죽는다. 곧바로 묻힌다. 모래나 진흙이 가장 좋다. 광물질이 뼈를 돌로 바꾸는 동안 200만 년을 기다린다. 발견된다, 짠!

규화목은 화석화된 나무예요. 본래부터 그렇게 생긴 것처럼 보이지만, **매우 오래되고, 매우 단단하며,** 지금은 나무가 아닌 돌이지요.

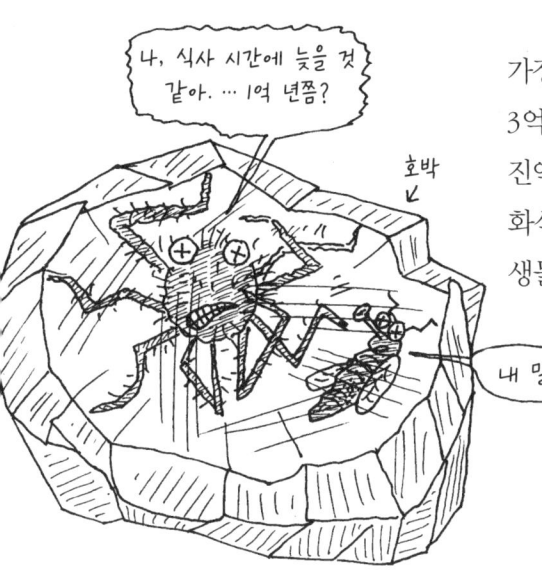

가장 오래된 **호박 화석**의 나이는 3억 2000만 살이에요. 오래된 나무의 진액이 덩어리로 뭉쳐 딱딱해진 화석인 호박 속에는 그 시절에 갇힌 생물들이 완벽하게 보존되어 있어요. 살아 있을 때 모습 그대로 남아 있지요.

과거도 한때는 미래였어요. 언젠가는 우리 삶의 모든 것도 역사가 될 거예요. 하지만 돌로 변해 화석으로 파헤쳐질 때까지 굳이 200만 년이나 기다릴 필요가 없어요. **타임캡슐**을 만들면 되니까요.

타임캡슐은 기억할 가치가 있는 것들을 채워 넣은 밀폐된 용기예요. 아끼는 보물이나 메시지, 그림, 또는 미래에 알 필요가 있다고 생각하는 정보까지 전부 다요.

달에도 아폴로 11호 우주 비행사들이 만든 타임캡슐이 있어요. 50센트 동전 크기의 디스크인데, 세계 지도자들에게서 받은 메시지들이 아주 작게 새겨져 있어요. 앞면에는 '우리는 전 인류를 위해 평화로운 마음으로 왔다.'라고 쓰여 있답니다.

시간이 얼마나 있을까요?

사람은 길어야 100년 정도 살 수 있어요. 사실 포유동물치고는 꽤 오래 사는 거예요.

다섯 살 때의 거대 거미

오스트레일리아 태즈메이니아의 휴온소나무는 3000년을 살고, 수백 년을 사는 식물도 많아요. 어떤 고래와 물고기는 100년 이상 살기도 해요. 최고령 육지 동물은 조너선이라는 이름의 183세 코끼리거북이에요. 하지만 하루살이 성체는 겨우 5분가량 살 수 있어요.

현재의 거대 거미!

어떤 거미들은 1년 안에 평생을 살아야 해요. 반면, 골리앗새잡이거미 같은 거미들은 20년을 살 수 있지요. 해면동물은 수천 년을 살아요. 조개는 수백 년까지 살 수 있고요. 가재 중에는 나이를 먹지 않는 가재도 있어요. 그런데 해파리 중에는 딱 하나, **영원히** 사는 종도 있어요! 불멸의 해파리지요.

* 해면동물: 영어로 sponge(스펀지)이다.
* 작은보호탑해파리: 노쇠해지면 다시 어린 새끼로 되돌아가는 해파리. 먹이가 부족하거나 외부 환경이 나빠져서 스트레스를 받으면, 우산 모양의 몸이 뒤집히고, 촉수와 바깥쪽 세포들이 몸 안으로 흡수되면서 '세포-덩어리'가 된다. 그러면서 아래로 가라앉아 바위에 달라붙으면, 어린 단계인 고착형 '폴립'이 된다.

우리가 영원히 살 수 없는 이유는 **노화** 때문이에요.

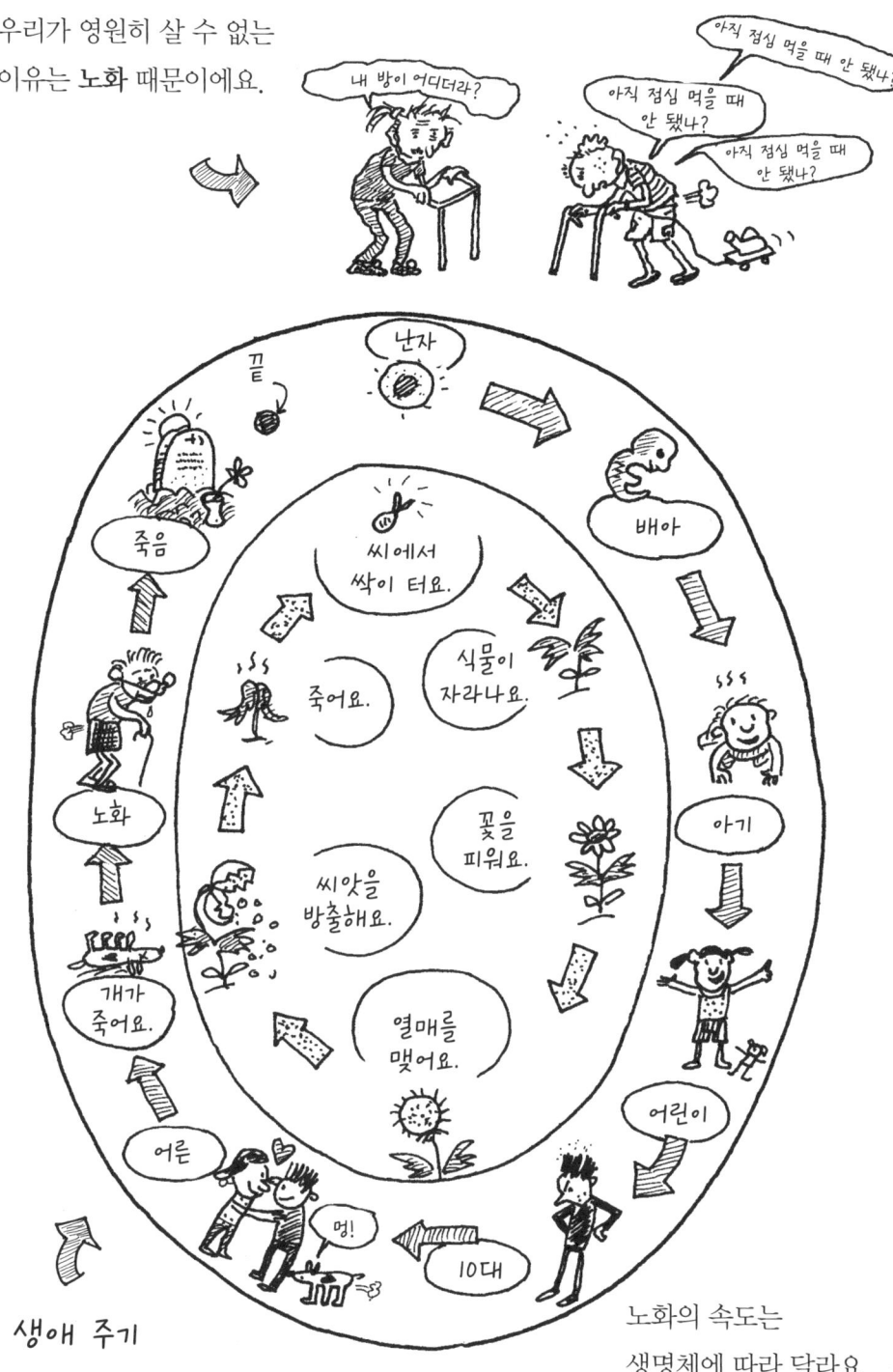

생애 주기

노화의 속도는 생명체에 따라 달라요.

우리 행성에 생명체가 존재한 시간은 우주가 존재한 시간에 비하면
정말 짧아요.
우주에 별이 얼마나 많은지, 우주는 얼마나 큰 공간을 차지하고 있는지,
또는 원자보다도 더 작은 아원자 알갱이는 대체 얼마나 작은지를
상상하는 일 못지않게, 그 어마어마한 시간을 상상한다는 것은 쉽지 않지요.

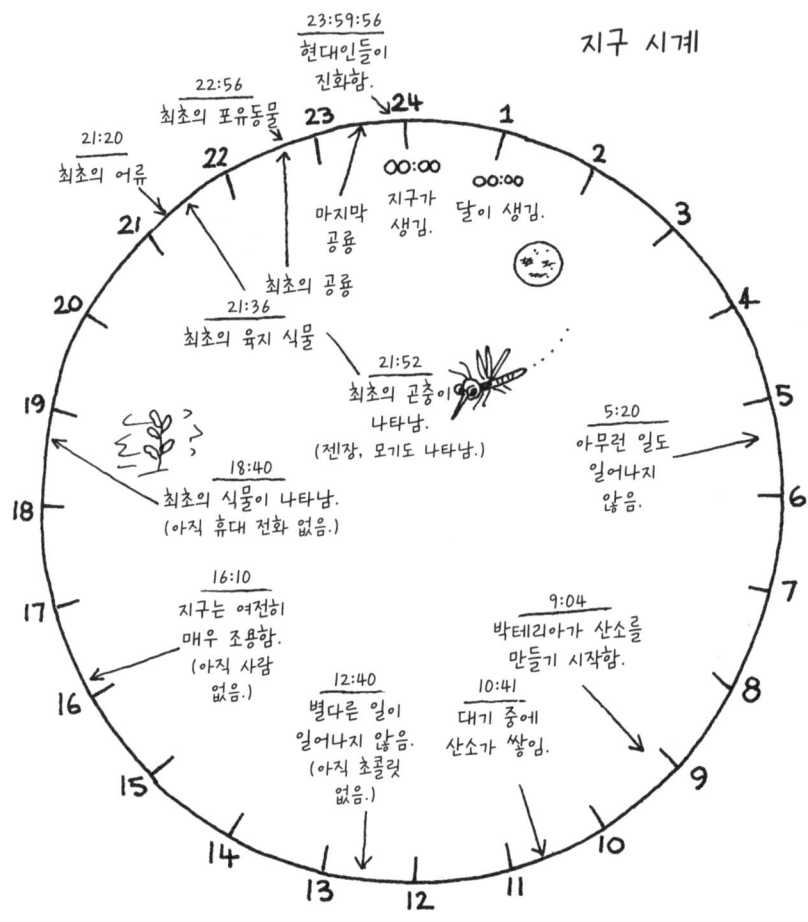

인간은 지구 시계에서 불과 1초밖에 살지 않았어요.
우리 인간이 얼마나 오래 버틸지는 아무도 모르지요.

우리의 멋진 별, 태양도
결국엔 늙어 죽을 거예요.

태양과 같은 별은 보통 90억 년에서
100억 년 정도에 연소해요.

우리의 태양은 45억 살쯤
되었지요.

그래서 약 50억 년 뒤, 태양이 아주
늙으면 **적색 거성**이 될 거예요.

그러면 지구를 향해 팽창하면서
지구를 삼켜 버리겠죠. 수성, 금성,
화성도 마찬가지고요.

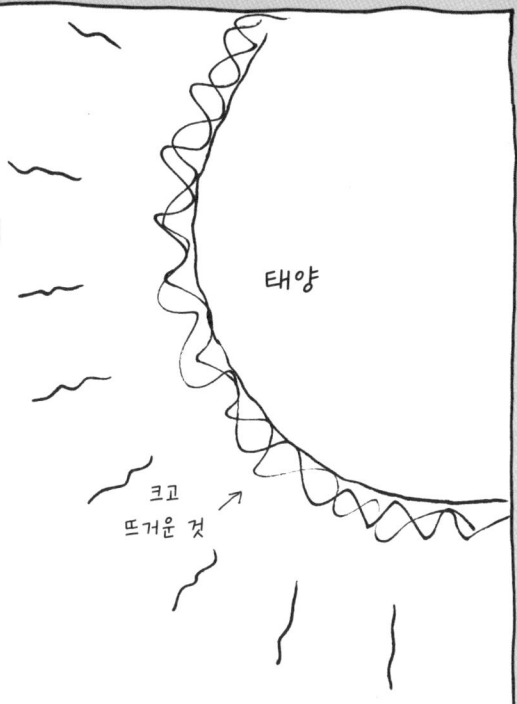

그래도 우리의 작지만 **강인한** 바위 행성은 살아남을지도 몰라요.

태양이 늙고 늙어 남은 것이라곤 희미하고 차가운 **백색 왜성**이
되었을 때에도 지구는 여전히 살아남아 있을지도 몰라요.

그렇지만 결국엔, 지구의 남은 부분이 무엇이든 우주를 떠돌며 소행성들과
블랙홀들에 대항할 기회를 잡아 보려 하겠지요.

우리 주변의 생명체들에는 항상 시작과 끝이 있어요.
하지만 태양은 아직 어린 별일 뿐이고, 그 끝은 멀고 먼 미래의 일이죠.
우주는 멸망할까요? 그건 아무도 몰라요.
140억 년 전, 우주가 시작됐다는 사실만 알 뿐이죠. 이것과 함께요…

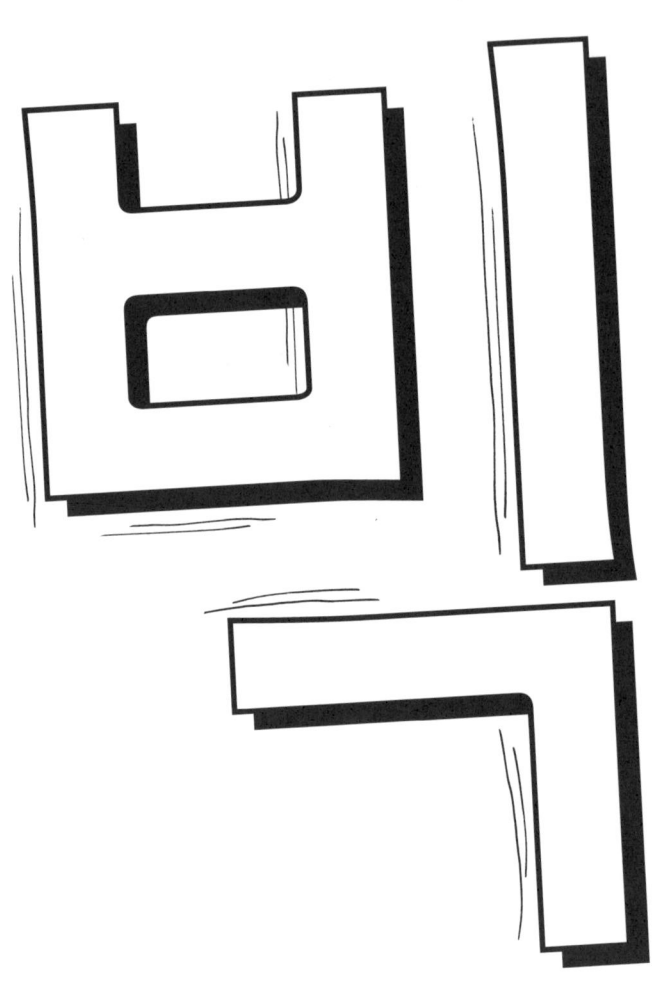

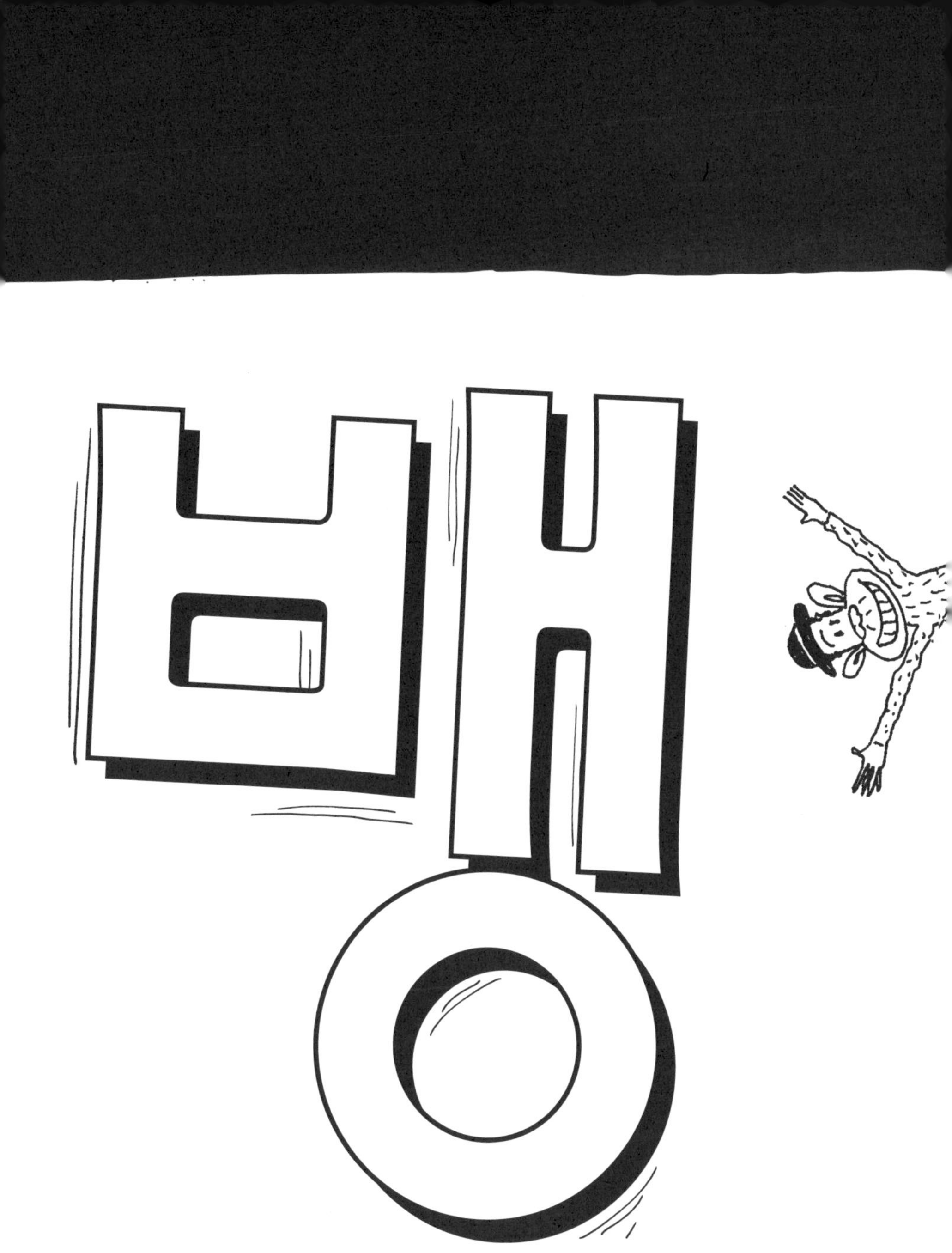

빅뱅

과학자들은 빛과 깊은 우주에서 오는 다른 방사선들에 대한 연구를 통해 그 사실을 알게 되었어요. 연구에 따르면, 빅뱅 이후 우주는 계속해서 냉각되고 팽창해 왔다고 해요.

태초에

그렇다면 빅뱅 **이전에는** 무엇이 있었을까요?

아무것도 없었을지 몰라요.
물질도 **없고**, 시간도 **없고요**.
그것은 어떤 느낌일까요?

우주의 과학은 **크나큰 생각들로** 가득하답니다.

이 6장에서는 **상상할 수 없는 것들을** 상상해야만 해요!

준비됐나요?

과학자들은 만약 우리가 우주의 되감기 버튼을 누르고 시간이 거꾸로 가는 것을 볼 수 있다면, 우주가 점점 작아지는 광경을 보게 될 거라고 해요.

결국엔 믿을 수 없을 정도로 작아지다가 세상에서 가장 작은 아원자 알갱이보다도 훨씬, 훨씬 작아질 거예요.

과학자들은 빅뱅 이전을 **특이점**이라고 불러요.

특이점은 밀도가 매우 높았을 거예요.
현재 우리의 **온 우주**를 구성하는 모든 질량과 모든 시공간을 포함한,
열과 에너지로 이루어진 아주 작은 점이니까요.

1,000,000,000,000,000,000,
000,000,000,000,000,000,
000,000,000,000,000,000,
000,000,000,000,000,000,
000,000,000,000,000,000,
000,000,000,000,000,000,
000,000,000,000,000,000
000,000,000,000,000,000,
000,000,000,000,000,000배 반만큼 확대한 특이점

그것은 시간이 아직 존재하지 않았다는 말일 수도 있어요.
또는 반대로 시간이 존재했다는 말일 수도 있고요. 어쨌든 지금과는 **달랐어요**.

그때는 시간이 한 방향으로만 흘러가지 않았을지도 몰라요.
사방으로 흘러서 많은 **평행 우주**를 만들어 냈을지도 모르죠.

따라서 우리 우주는 **훨씬 더 큰** 우주의 일부일 뿐일지도 몰라요.
그리고…
다른 우주에도 또 다른 우리가 존재하며 또 다른 삶을 살아가고 있을지도요.

그런데 만약 시간에…
시작도 없고 끝도 없다면요?

그거야말로
크나큰 생각이지요!

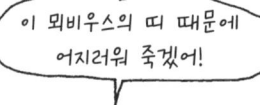

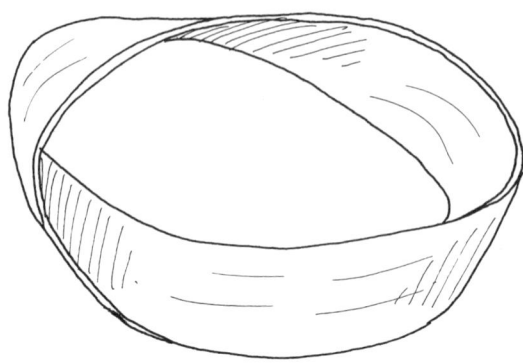

시간은 뫼비우스의 띠와 조금 비슷해요.

이 그림처럼 길게 자른 종이의 양 끝을 꼬아서 붙이면 뫼비우스의 띠를 만들 수 있어요.

이제 개미 한 마리가 종이 위를 걷는다고 상상해 보세요. 걷고 또 걸어도 종이띠는 영원히 끝나지 않겠지요.

시간도 이와 비슷할 수 있어요.

만물 지식 상자

아이작 뉴턴(그를 기억하나요?)의 **고전 물리학**은 수학을 이용해 우리가 눈으로 보고 상호 작용하는 세상 속 사물들이 어떻게 작용하는지를 알려 준다. **양자 물리학**은 우리가 경험하기에는 너무 작은 것들에 대해 알려 준다. 양자 물리학도 물질과 에너지에 관한 학문이지만, 그중에서도 아주 작고 작은 원자 및 아원자 입자를 다루는 과학이다.

우리가 사는 세상의 시간은 같은 속도로 한 방향으로만 움직이는 커다란 화살과도 같아요.

그런데 정말 그럴까요? 1900년대 초에 알베르트 아인슈타인은 **상대성 이론**을 생각해 냈어요. 상대성 이론에 따르면, 시간을 경험하는 물체에 중력이 증가하면 시간은 더 느리게 움직여요. 움직이는 속도가 빨라져도 시간이 느려지고요.

아인슈타인은 수업이 끝나기 15분 전만 되면 유난히 느려지는 시간을 말하는 게 아니랍니다. 아인슈타인은 그것을 **시간 팽창**이라고 불렀어요. 과학자들은 시간 팽창이 **실제로 일어난다는 것**을 증명해 냈어요. 그런데 시간 팽창은 밀물, 썰물과도 비슷해요. 일상에서는 시간 팽창이 일어나고 있다는 것을 잘 알아채기가 어렵거든요. 과학자들이 원자시계를 궤도로 올려보내자, 지상의 시계보다 정말로 더 느려졌어요.

시간은 제트기야.

어서 와, 내 쌍둥이 자매.

웅얼… 웅얼… 웅얼…

시계가 더 빨리 움직이면 시간은 더 느려졌어요. 그 말은 여러분이 다른 사람보다 더 빠르게 시간 여행을 할 수 있다는 뜻이에요. 빛의 속도에 가깝게 움직이는 아기 우주인을 한번 상상해 보세요. 만약 집에 쌍둥이 자매가 있다면, 그 아기 우주인은 쌍둥이 자매보다 훨씬 어린 나이로 집에 돌아오게 될 거예요. 지구상의 쌍둥이는 '정상' 속도로 나이를 먹을 테니까요.

아인슈타인의 상대성 이론에 따르면 우리가 빛보다 **빨리**
움직이면 **과거**로 시간 여행을 할 수 있다고 해요.
그럼 해 보자고요!

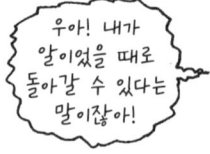

시간 여행을 해 봐요!
안타깝지만 문제가 있어요. 그것도 큰 문제가요.

우리는 **원자**로 이루어져 있어요. 그리고 원자는 대부분
아무것도 아니지만, 확실한 **어떤 것**이기도 해요.
그 어떤 것을 **물질**이라고 하지요. 빛은 물질이 아니라 **에너지**예요.
빛은 **광자**라고 불리는 것들로 이루어져 있어요.

물질은 물리학의 법칙을 따라야 해요. 하지만 빛은 그렇지 않아요.

아인슈타인의 방정식 $E=MC^2$ 은
질량(우리에게는 있고 빛에는 없는)이 있으면 빨리 움직일수록 더 무겁다는
것을 뜻해요. 무거워진다는 말은 더 빨리 가려면 점점 더 많은 에너지가
필요하다는 뜻이고요. 만약 우리가 빛의 속도에 근접할 수 있다면,
우리의 질량은 엄청나게 커질 거예요.

그다음에는 **무한해질** 테고요.

따라서 빛보다 더 빨리 가는 건 불가능해요.
빛은 모든 경주의 승자가 될 거예요.

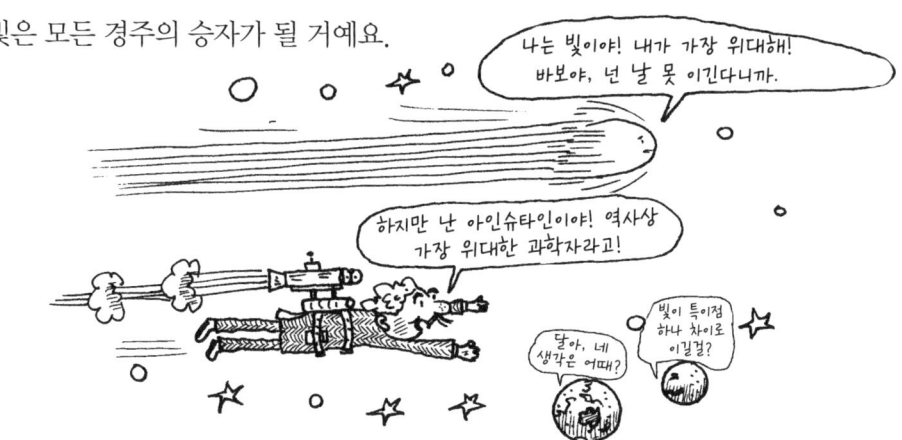

아인슈타인은 새로운 생각이 떠올랐고, 또 다른 이론을 생각해 냈어요.

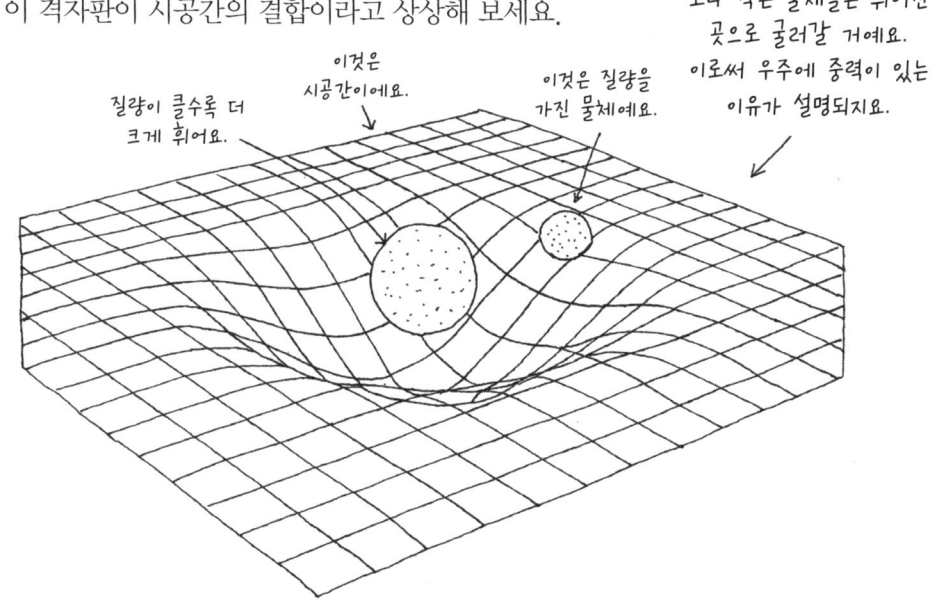

이는 시공간 내에 **웜홀***이 존재할 수 있다는 뜻이기도 해요.
보통 시간과 공간을 잇는 터널은 아주 멀리 떨어져 있어요.

* 웜홀: 우리 우주와 다른 우주를 블랙홀이 연결할 때 생기는 통로라는 가상의 개념. 시공간을 잇는다고 해서 '시공간 통로'라고도 부른다.

따라서 언젠가는 우리가 웜홀을 통해 시공간을 여행할 가능성이 아직 남아 있어요. 하지만 요약하자면

시간 여행이란...

··· 다른 사람과 다른 속도로 나이를 먹고 싶다면 **가능해요.**

그런데 만약 지난 토요일로 돌아가고 싶다면 그것은 **거의 불가능해요.**

지난 세기로 돌아가서 알베르트 아인슈타인을 만나는 것도 불가능하지요.

쥐라기로 가서 벨로키랍토르와 경주하거나,

수십억 년 전으로 거슬러 올라가 지구상의 첫 생명체를 확인하거나,

빅뱅 이전에 무엇이 있었는지 알아내기 위해 특이점을 찾아가는 것도요.

무한한 공간 그 너머로!

초고속으로 시간 여행을 하는 것도 힘들 것 같아요. 목숨이 위태로울 것도 같고요.

속도를 높이거나, 줄이거나, 급선회하면, 우리 몸은 **중력 가속도**를 상대해야만 해요. 중력 가속도는 롤러코스터를 타면 느낄 수 있어요.

중력 가속도가 너무 크면, 뼈가 부러지거나, 연하고 물컹물컹한 장기가 터지거나, 모든 피가 뇌로 몰릴 수 있어요(으으으).

25중력 가속도로 이동 중인 말

중력을 막는 티타늄 알 속에서 25중력 가속도로 이동 중인 새

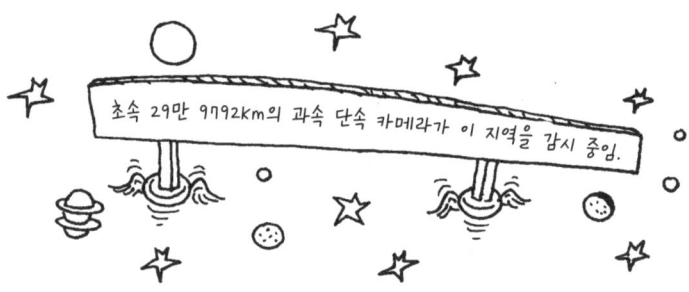

초속 29만 9792km의 과속 단속 카메라가 이 지역을 감시 중임.

또한 우주에서는 더 빨리 갈수록 다른 방향으로 **아주 빠르게** 움직이는 어떤 것과 **아주 강하게** 부딪힐 가능성이 커져요. 시속 30만 km로 움직이는 작은 유성들처럼요. 그 속도라면 초강력 우주 탄환이나 다름없지요.

인간이 비행한 가장 빠른 기록은 아폴로 10호의 우주 비행이었어요. 그 우주 비행사들도 시속 3만 9897km로밖에 가지 못했어요. 진공 상태에서 빛이 나아가는 속도인 초속 29만 9792km 근처에도 이르지 못했죠.

설령 우리가 시간 여행을 할 수 있다고 해도, 뭘 어떻게 할 수 있을까요?

어떤 일을 **바꾸기 위해** 과거로 시간 여행을 한다는 건 불가능해요. 왜냐하면 그때는 그 일이 일어나기 전이니까요. 일어나지도 않은 일을 막기 위해 시간 여행을 할 리는 없겠죠. 그리고 만약 **실수**로 무언가를 바꿨다면요? 이를테면 타고 간 타임머신이 미래의 나를 짓눌러 버린다든지…?

더 끔찍한 일을 말해 볼까요? 과거로 여행을 가서 열 살밖에 안 된 할아버지를 짓눌렀다면요? 할아버지는 크지 못할 테고, 그럼 아이도 갖지 못할 테고, 여러분이 태어날 일도 결코 없겠죠. 좋은 소식은, 그렇다면 여러분은 존재하지 못했을 테니까 시간 여행을 해서 할아버지를 짓누르지도 못했을 거라는 거예요. 그것을 **역설**이라고 해요.

시간 여행을 할 수 없다니 천만다행이에요. 그렇지 않았다면 여러분은 이 책을 읽는 대신 일정 기간의 시간이 되풀이되는 무시무시한 **타임 루프** 속에 갇혀 버렸을지도 모르니까요.

7

집중!
시험 볼 시간입니다

좋아요, 솔직히 말해서…
난 **너무 착해서** 탈이에요.

시험 같은 건
없답니다.

대신, 우주에 관해 궁금한 질문들에
모두 답해 줄게요….

삶의 의미에 대한 해답들도요!
그것도 공짜로요!

우주는 무척 **크지만**,
처음에는 너무나 작아서 보이지도 않았어요.

그러다 대폭발 **빅뱅**이 일어났지요!

우리는 정말 아주 작은 것들로 가득 찬,
작고 작은 존재들이에요.
하지만 그 아주 작은 것들과 비교하면
우리는 우주만큼이나 크지요.

우주의 나이는 140억 살이에요.
지구의 나이는 45억 살이고요.
수십억 년 동안 별다른 일은 일어나지 않았어요.
그러다 인간이 나타났지요.
외계인의 침략에 의해서가 아니라 진화에 의해서요.

얼마 뒤 사람들은 불, 농업, 물건, 자동차, 비행기, 약,
전등, TV, 로켓, 인터넷, 그리고 **초콜릿**을 발명했어요.

하지만 애초에 의사소통과 협동과 **우정**이 발명되지
않았다면 앞서 말한 것들은 하나도 발명되지 못했을 거예요.

이보다 더 잘할 수는 없을걸요!

그럼 이제,
　　　진짜 진짜 · · · · · · · · · · · ·

자, 밖으로 나가서 신나게 놀아요.

지은이 테리 덴톤 Terry Denton

오스트레일리아의 작가이자 일러스트레이터로 30년 이상 어린이책을 지었습니다. 오스트레일리아 최고의 작가들과 함께 일했고, 많은 사랑을 받은 여러 권의 그림책과 동화를 썼습니다. 앤디 그리피스와 함께 작업한 〈저스트〉(Just) 시리즈와 〈나무집〉(Treehouse) 시리즈는 세계적으로 유명합니다. 그의 작품은 뛰어난 유머 감각과 모험적이고 창의적인 그림 스타일이 특징이며, 아이들이 좋아하고 재미있어하는 게 무엇인지를 누구보다 잘 아는 타고난 감각을 지닌 작가입니다.

옮긴이 천미나

이화여자대학교 문헌정보학과를 졸업하고 지금은 어린이책 전문 번역가로 활동하고 있습니다. 그동안 옮긴 책으로는 《나무가 되자!》《도대체 학교는 누가 만든 거야》《대중교통 타고 북적북적 도시 탐험》《명화 탐정 위조 그림의 비밀을 찾아라!》 들이 있습니다.